V. 2384.
2. b.

21705

LE CADRAN DES CADRANS,

UNIVERSEL

ET TRES-COMMODE,

Pour trouver en tous lieux les Heures du
Jour & de la Nuit ; & pour faire fur les
Plans, toutes fortes de Cadrans.

*Avec les Paralleles du Soleil, & autres
Curiofitez utiles & agreables.*

Reduit en Pratique, par le P. PIERRE BOBYNET,
de la Compagnie de JESUS.

NOUVELLE EDITION.

Enrichie de figures en taille-douce.

A PARIS,

Chez JEAN D'HOURY, au bout du Pont-neuf, fur
le Quay des Augustins, à l'Image S. Jean.

M. DC. LXXVII.
Avec Privilege du Roy.

A MONSEIGNEVR
LE COMTE
D'AVAVX,
COMMANDEVR
DES ORDRES
DV ROY,
ET MINISTRE D'ESTAT.

ONSEIGNEVR,

Il y a long-temps que ie cherchois parmy les Liures que ie mets au Iour, quelqu'vn qui y parût sous Vostre Nom, pour y ajouster vne prote-

ã ij

station publique de mon deuoir & de ma reconnoiſſance. En voicy vn dont l'Auteur s'eſt treuué d'intelligence auec mes inclinations, & m'a donné cette page pour les exprimer : comme il euſt fait luy meſme les ſiennes, s'il eut eſtimé ſon Ouurage aſſez de prix pour l'acquiter des obligations plus vniuerſelles que vous a toute ſa Compagnie. Pour moy i'ay crû que la petiteſſe du preſent ſeroit bien-ſeante à ma condition, parce qu'elle s'ajuſtoit auec mon impuiſſance ; & qu'il deuiendroit toûjours aſſez grand, auſſi-toſt que ie luy aurois fait porter Voſtre Nom, qui a remply ſi long-temps toute l'Europe. Le ſujet qu'il y traitte, ſembloit m'engager à ce deuoir, puiſque ce ſont des traits particuliers d'vne Science dont Voſtre Eſprit renferme toute l'eſtenduë. Et certes eſtant vne nouuelle adreſſe pour trouuer les Heures du Iour & de la Nuit, ie ne pouuois l'offrir plus à propos qu'à celuy qui a trauaillé Iour & Nuit, à donner à la France des Heures plus tranquilles & plus agreables, que celles qu'elle a long-temps experimentées. Et moy n'ayant

point d'autre deſſein que de vous
preſenter mon tres-humble ſer-
uice ; Ie ne le pouuois mieux faire qu'en vous marquant toutes
les Heures du Iour & de la
Nuit. Pour vous faire entendre
que ie n'en auray iamais vne
qui n'y ſoit toute employée : &
que i'eſtimeray toûjours la plus
heureuſe de toutes, celle où ie
vous pourray teſmoigner par
quelque effet, le reſpect & la fi-
delité auec laquelle ie ſuis,

MONSEIGNEVR,

Voſtre tres-humble, tres-obeïſ-
ſant, & tres-fidele ſcruiteur,

MATHVRIN HENAVLT.

Extraict du Priuilege du Roy.

PAr grace & Priuilege du Roy, il eſt permis à Mathurin Henault, Marchand Libraire, de faire imprimer & vendre, par tel Imprimeur & Libraire que bon luy ſemblera, vn Liure intitulé, *Le Cadran des Cadrans Vniuerſel, &c.* auec des Figures en Taille-douce, compoſé par le P. PIERRE BOBYNET, de la Compagnie de IESVS. Et ce durant le temps de cinq ans, à commencer du iour qu'il ſera acheué d'imprimer. Auec defences à toutes perſonnes d'imprimer ou faire imprimer, & vendre ledit Liure ſans ſon conſentement, ſous peine de confiſcation des Exemplaires, & de l'amende portée par ledit Priuilege. Donné à Paris le 7. Iuin. 1649. Signé LOVYS.

Et plus bas par le Roy en ſon Conſeil,

LE CONTE.

Acheué d'imprimer pour la premiere fois, le 14. Iuin 1649.

Approbation, & Permißion du R. P. Prouincial.

IE Eſtienne Charlet, Prouincial de la Compagnie de I E s v s, en la Prouince de France; fuiuant le Priuilege qui nous a eſté octroyé par les Roys Tres-Chreſtiens, permets à Mathurin Henault, Marchand Libraire, de faire imprimer par vn tel Imprimeur que bon luy femblera, vn Liure intitulé, *Le Cadran des Cadrans, Vniuerfel, &c.* compoſé par le P. PIERRE BOBYNET, de la Compagnie de IESVS, & approuué par trois Religieux de la mefme Compagnie. En foy de quoy i'ay figné la preſente Atteſtation. A Paris, le 30. iour d'Auril 1649.

ESTIENNE CHARLET.

LE

LE CADRAN   DES CADRANS

IHS   MA

LE CADRAN
DES CADRANS,
VNIVERSEL.

I'APPELLE ainſi cêt inſtrument Nouueau, par ce
qu'en effet c'eſt vn Ca-
dran Equinoxial, Vniuer-
ſel, & tres-commode; pour
trouuer par tout, les Heures du iour
& de la Nuit : & pour faire promptement & iuſtement ſur les plans, toutes
ſortes de Cadrans, meſmes ſans Centre ; auec les Paralelles du Soleil, &
autres Curioſitez agreables. Comme
i'entreprens de monſtrer, dans les Vſages principaux de ce Cadran ; aprés en
auoir expliqué les principales parties,
dans ſa propre Figure ; que ie vous preſente, pour la bien conſiderer tous au
commencement.

A

PARTIES DV CADRAN
DES CADRANS.

LEs parties de ce Cadran, font fes principales pieces, dont ie vais expliquer les particularitez, dans les Paragraphes fuiuans.

§. 1. *Compofition du Cadran des Cadrans.*

IL eft compofé de deux principales Pieces, ajuftées proprement l'vne à l'autre ; pour les ioindre enfemble, & pour les feparer quand il en fera befoin.

1. La premiere Piece fe nommera, *le Carré des Cadrans* ; qui eft vn Carré parfait d'vne iufte grandeur, comme d'vn demi-pied de Roy, auec les particularitez que nous expliquerons aprés ; pour faire toutes fortes de Cadrans fur les Plans.

2. La feconde Piece s'appellera *le Demi-rond du Cadran* Equinoxial Vniuerfel, qui eft la moitié d'vn Rond ; dont le Diametre fert de ftyle, & les degrez, de direction au Cadran ;

pour y connoiftre les heures par tout, & en
tout temps.

3. Il fe graue fur le Cuivre, fur l'yuoire, ou
fur le bois ; & s'imprime fur le Carton, fur le
Vélin, ou fur le papier, que l'on pourra coler
proprement, fur tellemaniere folide que l'on
iugera plus à propos, pour s'en feruir plus
commodément.

§. 2. *Defcription de la premiere Piece.*

ELle eft parfaitement Carrée au dehors,
& parfaitement Ronde au dedans : contenant en foy trois rangs de lignes, qui font
trois diuers Cartez, tout à l'entour des
bords ; & de plus de quatre fortes de Cercle
en dedans.

1. Le 1. & le plus grand Carré s'appelera,
le Carré des Mefures : dont le haut A B eft diuifé en fix Pouces ; marquez au deffus ; auec
les Demi-pouces entre-deux, & les 12. lignes
d'vn Pouce à l'vn des bouts : pour mefurer iuftement tout ce qu'il vous plaira. Le bas C D
auec la moitié des deux coftez, eft partagé en
quatre fois 60. parties égales, depuis 10. iufques à 60. comme vous voyez ; pour le Carré
Geometrique, fi vous en auez befoin. Le Refte des deux coftez, d'vne part eft diuifé en
12 parties egales, pour 12. heures : de l'autre

A ij

part en 15. autres parties ; à gauche pour les premiers 15. iour de la Lune , à droite pour les 15. derniers.

2. Le 2. Carré se nommera, *Le Carré des 90. degrez inegaus* ; diuisé en quatre quars, depuis le milieu de la ligne d'en bas & d'en haut, iusques au milieu de l'autre qui luy est immediatement coniointe à droite & à gauche ; & en quatre fois 90. parties inégales, pareilement en bas & en haut, depuis o iusques à 90. Pour representer quatre fois ces 90. degrez inegaus du Carré, correspondans aux degrez égaus du Cercle ; distinguez de 5. en 5. par vne petite ligne, & marquez de 10. en 10. au dessus.

3. Le 3. & le plus petit Carré, sera *le Carré des Declinaisons* du Soleil & des Plans. En la ligne d'en bas se trouuera la Declinaison du Soleil, dans les Paralleles ou dans les Arcs des signes, signifiée par D. S. auec les characteres de chacun. Aux autres lignes la Declinaison du Soleil, dans les Paralleles c 1 dans les Arcs des iours pour diuerses Eleuations. En haut, pour celle de 48. degrez de Pole sur l'horison designée par P. 48. A costé gauche, pour 47. d. par P. 47. A costé droit, pour 49. d. par P. 49. Les autres lettres aux quatre coins, signifient la Declinaison des Plans, qui se trouuent comme nous dirons en son lieu, chacune en son quart du Cercle ou du Carré.

En haut D. S. OR. la Declinaiſon du Septentrion vers Orient ; D. S. OC. Declinaiſon
du Septentrion.vers Occident ; En bas D. M.
OR. Declinaiſon du Midy vers Orient ; D.
M. OC. Declinaiſon du Midy vers Occident.

4. Le 1.& le plus grand Cercle fait de deux
circonferances, eſt *leCercle gradué, ou des de-*
grez egaus: diuiſé en quatre fois 90. parties
egales , qui font quatre fois les 90. degrez
egaus du cercle, contez en haut & en bas de
part & d'autre, depuis o iuſques à 90. tous
ſeparez par petites marques blanches & noires, & diſtinguez de 5. en 5 par petites lignes
au deſſus, auec les chifres de 10. en 10. Le 2.
Cercle fait auſſi de deux circonferances , eſt
le Cercle ou le Cadran des Eſtoiles Polaires : diuiſé de bas en haut en deux fois 12. heures, à
droite 1. 2. &c. à gauche 11. 10. &c. chacune
de 15. deg. auec les demies entre-deux de 7.
deg. &demy, & les quars de 3.deg. & 1. quart;
& de plus la lettre I. ſignifiant le 1. iour de
Iannier à droite ſur la demie deuant 4. heures ; & les premieres lettres des Mois ſuiuans
de 4. en 4. demies, pour repreſenter le Meridien, & l'endroit où ſe trouue *la plus claire*
Eſtoile de la petite Ourſe, au commencement
de chaque mois à minuit. Le 3. Cercle fait
encores de deux circonferances , eſt *le Cercle*
ou le Cadran Equinoxial, pour les heures du

A iij

Soleil & de la Lune : pareillement divisé de
bas en haut en deux fois XII. heures egales,
chacune de 15. deg. à droite XI. X. &c. à gauche I. II. &c. les demies de 7. deg. & demi,
& les quars entre-deux diftinguez par petites
marques blanches & noires. Le 4. & dernier
Cercle de deux autres circonferances, fera *le*
Cercle de Separation de la premiere & feconde Piece, comme nous verrons au §. 6.

§. 3. *Defcription de la feconde Piece.*

C'Eft vn Demi-rond (comme celuy que
vous voiez au deffous du Diametre du
dernier Cercle) folide & tout plat, parfaitement droit en fon Diametre, & proprement
arrondi en fa circonferance ; fur lequel il y a
trois chofes remarquables, fçauoir vn Double Zodiaque, vn Demy-cercle, & vne ligne
droite au milieu, diuifant le Demi-rond en
deux parties egales.

1. *Le Double Zodiaque* eft fur le bord du
Diametre du Demi-rond, pour y feruir de direction au Cadran. Il contient deux fois la
Declinaifon du Soleil dans les 12. fignes de
l'Ecliptique, ou dans les 12. mois de l'année,
fignifiez par la premiere lettre de chacun, qui
en denote enuiron le 10. iour fur chacune
des grandes lignes, & les autres iours en fuite de 10. en 10 fur les petites marques blan-

ches & noires. Commençant par D. ou par le
20. Decembre ; puis par I. le 20. Ianuier ; par
F. le 20. Feurier ; par M. le 20. Mars : & les
autres par ordre.

2. *Le Demi-Cercle,* que vous voyez en bas
au deſſous du Diametre du dernier Cercle
ſur le Demi-rond, pour metre le Cadran en
ſon Eleuation ; eſt diuiſé en deux fois 90. degrez depuis o ſon milieu, de part & d'autre
iuſques à 90. ſon Diametre : auec les petites
lignes de 5. en 5. & les chiffres de tous ces degrez de 10. en 10. au deſſus des petites marques blanches & noires, qui font chacune vn
degré.

3. *La ligne droite du milieu,* diuiſant le Demi-rond & le Demi-Cercle par la moitié en
deux quars, doit eſtre fenduë aux deux
bouts ; Pour ajuſter propement en angle
droit, le diametre de Demi-rond ou diametre
du Rond coupé au dedans de la premiere Piece ; conioignant le centre de l'vn au centre de
l'autre, & les deux circonferances enſemble.
Faiſant pour cét effet d'vne part, entrer tant
qu'il ſera neceſſaire, le petit bec du Centre
(reſerué ſur vne bandelette de cuivre ſortant
de la Plate-Bande au milieu du Rond) dans la
fente faite au milieu du diametre du Demi-
rond ; & de l'autre part enfonçant dans la
fente faite en la Circonference de ce Demi-
rond, vne bandelette ou languette de cuivre

A iiij

fortant de la circonference d'vn Rond, iuſtement au bout de la ligne de XII. heures ; tant
qu'il faudra pour reioindre & arreſter les
deux Centres auec les deux diametres enſemble, & les deux Circonferences en angle
droit. Les Eſtoiles repreſentent la Conſtella-
tion de la petite Ourſe, comme nous verrons
dans le §. 3. du 2. Vſage de noſtre Cadran.

§. 4. *Conſtruction de la premiere Piece.*

1. SVr le Plan preparé faites deux longues
   lignes ; comme de 6. pouces en angle
droit ; & de leur Section (que nous appellerons deſormais *le Centre du Cadran* (eſtendant le Compas comme de 3. pouces ſur les
quatre extremitez de ces deux lignes, faites-
en quatre autres Sections, ſur leſquelles po-
ſant le Compas ainſi eſtendu, vous en croiſe-
rez quatre Arcs pour les quatre Angles droits
de voſtre plus grand Carré ; que vous formerez de quatre lignes, chacune de ſon coſté
paſſant par la Section de deux arcs croiſez, &
d'vne des deux premieres lignes. Faiſant
aprés de meſme ayant chaque fois vn peu
ſerré le Compas, pour toutes les lignes requiſes aux trois Carrez : & diuiſant le haut du
plus grand par pouces & demi-pouces, auec
les 12. lignes d'vn pouce aux deux bouts ; le
bas auec la moitié des coſtez en 4. fois 60.

parties egales, le reste en 12. & en 15. comme
cy-deſſus au § 2. n. 1.

2. Aprés cela de la premiere Section des
deux longues lignes, c'eſt à dire, *du Centre du
Cadran*, faites auec le compas la plus grande
circonferance du plus grand cercle, qui par
les deux ſuſdites lignes ſe trouuera partagée
en 4. quars ; chacun deſquels par la meſme
ouuerture de Compas d'vne ligne à l'autre,
vous deuiſerez en 3. parties egales. Puis peu à
peu ſerrant le Compas, vous en diuiſerez encore chacune de ces parties en 3. autres ; celles cy en deux, & ces dernieres en 5. plus petites. Pour auoir 4 fois les 90. parties egales,
ou 4. fois les 90. degrez requis en toute la
circonferance ainſi diuiſée de ce grand Cercle, d'ou dépend preſque tout l'artifice de cét
Inſtrument. En ſuitte dequoy ſans autre diuiſion, vous ferez la ſeconde circonference
pour ce 1. & plus grand Cercle, & ſix autres
plus petites pour les trois cercles ſuiuans;
dont deux de ces autres circonferances ſe-
ront pour le 2. Cercle des Eſtoiles, & deux
pour le 3. *du Cadran Equinoxial*, & les deux
dernieres pour le 4. & dernier cercle de la ſe-
paration, qui ſe doit faire de la 1. & 2. Piece.

3. Cela fait, ſeruez vous d'vne Regle
ſemblable à celle que vous voiez au deſſous
de noſtre Inſtrument, ſi vous-en auez : & en
arreſtez auec vne Epingle le petit bec *au Cen-*

tre du Cadran; pour la tourner commodement
fur toutes les diuifions requifes , & tirer toutes les lignes neceffaires fur cette premiere
Piece. Ainfi tournant la Regle fur les 60. parties marqueés au 1. Carré , vous ferez le Carré Geometrique. Puis fur tous les degrez,
cy-deffus marquez en la plus grande circonference du 1. & plus grand Cercle; vous les-y
diftinguerez tous par petites marques blanches & noires, en haut & en bas du cercle entre les deux circonferances ; comme auffi entre les deux lignes du 2. Carré des 90. degrez: auec les petites lignes que vous ferez
de 5. en 5. & les chifres de 10. en 10. au deffus
de ce 1. cercle & de ce 2. Carré. Et de mefme
temps de 15. en 15. degrez, vous tirerez auffi
plus haut au 2. & 3. cercle les lignes des heures du Cadran des Eftoiles & de l'Equinoxial ; auec les chifres que vous ferez aprés,
& les petites lignes & marques blanches &
noires entre-deux, de 7. degrez & demi pour
les demies, de 3. degrez & 1. quart pour chaque quart d'heure. Pareillement tournant la
Regle fur les degrez marquez au 1. Cercle, &
l'areftant chaque fois fur la declinaifon des
Paralleles du Soleil (reconnuë par les Tables)
vous la marquerez par petites lignes entre
les deux lignes du 3. Carré des Declinaifons:
auec les petites marques blanches & noires
pour chaque declinaifon, & les caracteres

ou chifres au deſſus; comme en bas pour les
Arcs des ſignes; en haut pour les Arcs des
iour de 48. degrez d'Eleuation ; au coſté
gauche pour 47. & au coſté droit pour 49.

§. 5. *Conſtruction de la ſeconde Piece.*

1. POur le *Double Zodiaque* , qui doit eſtre
ſur le Demi-rond vers le milieu du Diametre OO. Au deſſous de ce Diametre OO
de part & d'autre du Demi-diametre o XII.
tirez legerement les deux Paralleles des E-
quinoxes SM, MS, diſtante entr'elles de l'e-
paiſſeur du Rond, que vous couperez aprés,
& vis à vis de ces deux Paralleles, en haut
entre les deux circonferances du dernier
cercle; marquez deux poins. Tirez auſſi legerement quatre autres Paralleles au Diametre
OO, deux plus proches vers le centre, &
deux vn peu plus eloignées vers la circonference. Puis ayant eſtendu le Compas depuis
le centre du Cadran iuſques au cercle gradué, vous-en poſerez vn pied ſur chacun des
poins marquez entre les circonferances du
dernier cercle, & tournerez l'autre pied chaque fois en bas, pour y faire deux Arcs. Sur
leſquels de part & d'autre depuis la Parallele
des Equinoxes, vous tranſporterez du cercle
gradué , les degrez de la Declinaiſon du Soleil, reconnuë *dans la* 1. *Table* , pour le 1.10.

10. & 30. de chaque figne. En fuite dequoy
ayant piqué le petit bec de la Regle, fur chacun des fufdits poins marquez au dernier
cercle ; & tournant cette Regle fur les poins
de l'arc correfpondant, vous-en marquerez
autant d'autres au rencontre, fur la plus proche Parallele du Diametre pour coucher
aprés le bout & l'angle droit de la Regle, fur
chacun de ces autres poins; & faire les petites
lignes perpendiculaires depuis la 1. parallele
iufques à la 4. pour le 1. degré de chaque figne, ou pour le 10. iour de chaque mois, auec
la premiere lettre de chacun ; & les petites
marques blanches & noires entre les deux
lignes plus proches du diametre, pour la declinaifon de 10. en 10.

2. Pour le *Demi-cercle des Eleuations,* fur
le Demi-rond ; prenez-en le centre fi vous
voulez au milieu du Zodiaque comme au
point. o. d'où vous ferez vne circonferance
la plus grande que vous pourrez, pour la diui-
fer plus commodement en deux fois 90. degrez, de part & d'autre, depuis o fon milieu,
iufques à 90. fon diametre : & en fuitte deux
autres circonferances plus petites ; auec les
petites marques blanches & noires, entre les
deux circonferances plus proches l'vne de
l'autre, pour chaque degré; & auec les petites
lignes de 10. en 10. degrez, diftinguez per
les chifres, entre les deux dernieres circonfe-

rences : à proportion de ce que nous auons
dit au §. 4. n. 2. & 3.

3. Pour la *ligne droite du milieu*, diuifant
le Demi-rond & le Demi-cercle par la moitié ;
comme o o, que nous appellerons deformais
le *Demi-diametre du Demi-rond* ; elle doit
eftre fenduë d'vne part, depuis le centre du
Demi-rond, iufques au centre o du Demi-cercle, & de l'autre encore, depuis la circonference du Demi-rond, iufques à celle du Demi-cercle, ou plus auant s'il eft befoin, pour
ajufter cette 2. piece dans la 1. comme nous
auons déja dit au §. 3. n. 3. & comme nous
verrons encore ailleurs.

§. 6. *Separation & forme des deux Pieces.*

1. LEs deux Pieces eftants faites, comme
nous venons de dire au §. 4. & 5. Referuez dans le Rond du Cadran, vne petite bande large de 3. ou 4. lignes d'vn pouce, depuis
le diametre VI. VI. en haut ; auec vn petit
bec ou bandelette de Cuiure pour vous y ad-
ioufterez au milieu, pour y conferuer le centre du Cadran : femblable à celle que vous
voyez en Noftre Inftrument (auec cette In-
fcription, *Le Cadran des Cadrans*) laquelle nous appellons *La Plate-bande du Cadran.*

2. Pour la feparation, & la forme des deux
Pieces;coupez proprement le dedans de la Figure, par deux lignes droites deça delà la
Plate-Bande. La 1. iuftement au milieu, le
long du Diametre VI. VI. du Cadran. La 2.
plus haut le long de l'autre ligne de la Plate-
Bande. Puis coupez en Rond le refte du dedans de la Figure, iuftement au milieu des
deux circonferences du 3. & plus petit Cercle, appelé pour ce fujet le Cercle de feparation Et pour la 2. piece, conferuez le Demi-
rond d'en bas; au reuers duquel vous colerez
encore fi voulez vn Demi-cercle gradué,
que vous auriez fait : pour vous en feruir
quand il vous plaira.

3. Aprés cela, *pour le Carré des Cadrans,*
qui doit eftre la premiere Piece;retranchant
carrément de tous les coftez, tout ce qui feroit fuperflus, tout le long des 4. coftez du 1.
Carré des Mefures : auec la forme de la Regle, pour la coler fi vous voulez, fur vne de
bois, ou pour - en faire vne femblabe de Cuivre. Et adjouftez vne b delette (comme vn
petit bec) de Cuivre, au milieu du Diametre
du Rond, pour y faire & conferuer le Centre
du Cadran percé, comme de la groffeur d'v-
ne Epingle : & vne autre encore au dedans du
rond, au bout de la ligne XII. pour y ajufter le
Demi-rond.

4. *Pour le Demi-rond,* qui fera la feconde

Piece;coupez aussi ce qui sera de superflus, au delà de la 1. ligne du Zodiaque, & y mettez au lieu vne petite bande de Cuivre, sortant également & d'autant hors du Zodiaque que ce que vous-en aurez coupé; pour seruir de Diametre à ce Demi-rond, & de style droit ou d'Axe au Cadran. Enfin fendez propre-ment ce Demi-rond à son Demi-diametre; d'vne patt, depuis la circonference de son Demi-cercle en dehors;de l'autre, depuis son Centre, iusques au point o le Centre du mes-me Demi-cercle ; pour y couler commode-ment le filet du plomb pendant, & pour aju-ster en angle droit le Demi-rond dans le mi-lieu du Rond du Carré des Cadrans, quand il en sera besoin. Et remarquez que vous pour-rez replier vne partie de la 1. Piece sur l'autre, si vous le iugez à propos, pour la porter plus commodement, & pour y enfermer la secon-de Piece.

VSAGES PRINCIPAVS
DV CADRAN
DES CADRANS.

'E N treuue Douze tres-beaux & tres - commodes, qui feront tout ce petit Liure. 1. Pour trouuer les heures du Iour & de Nuit. 2. Pour les Angles, & lignes droites fur les Plans. 3. Pour la hauteur de l'Equateur, & du Pole. 4. Pour la Meridiene, & la Declinaifon des Plans. 5. Pour dreffer les Styles, & les Plans des Cadrans. 6. Pour faire les Cadrans Horizontaus & Verticaus. 7. Pour faire les Equinoxiaus, Polaires, & Meridiens. 8. Pour faire les Verticaus Declinans. 9. Pour tracer les Paralleles du Soleil 10. Pour toutes fortes de Cadran fur vn Poligone. 11. Pour les heures Babyloniques, Italiques, & Antiques. 12. Pour Mefurer, Toifer, & Arpenter tout ce que l'on voudra. Voyons - les en particulier, chacun dans l'ordre propofé.

I. VSAGE.

I. VSAGE.

Pour trouuer les Heures de Iour & de Nuit, par tout, & en tout temps.

COmme Noſtre Inſtrument eſt vn Cadran Vniuerſel, ainſi ſon premier vſage eſt pour trouuer les Heures, generalement par tout, en toutes les Eleuations du Pole ſur l'Horizon; & en tout temps de iour par les Raions du Soleil, de Nuit par les Ombres de la Lune, & par le Regard des Eſtoiles qui ſont autour du Pole. Comme ie vais monſtrer dans les Paragraphes ſuiuans.

§. 1. *Pour trouuer les Heures du Iour au Soleil.*

IL faut faire trois choſes. 1. monter le Cadran. 2. le metre en ſon Eleuation. 3. le dreſſer. 1. *Pour le monter*, mettez à plom la ſeconde Piece du Cadran, dans le milieu de la Premiere; tournant touſiours le Zodiaque & le Demi-cercle auec ſon plom vers le Soleil, le matin à gauche, le ſoir à droite, & ajuſtant proprement en Angle droit le Diametre du Demi-rond, au Diametre du Rond : en ſorte que le Centre de l'vn ſoit conioint au Centre de l'autre, & les deux circonferences enſem-

B

ble. Auançant pour cét effet d'vne part, le petit bec du Centre du Cadran dans la fente
faite au milieu du Diametre du Demi-rond; &
de l'autre part enfonçant dans la fente faite
en la Circonference de ce Demi rond, la bandelette de Cuivre fortant de la circonference
du Rond, iuftement au bout de la ligne de
XII heures : tant qu'il faudra, pour reioindre & arrefter les deux Centres, auec les
deux Diametres enfemble, & les deux Circonferences, en Angle droit. Et c'eft ce que
d'orefnauant i'appelleray *monter le Cadran,*
ou le Cadran tout monté.

2. Aprés cela, mettez le Cadran en fon Eleuation, releuant le haut vers le Midy, iufques
à ce que le filet pendant du Centre auec fon
plom, & razant librement le Demi-cercle du
Demi-rond, foit en bas fur le degré de la latitude du lieu où vous ferez, comme fur le
48. conté depuis o. Puis tenant ainfi le Cadran en fon Eleuation, *dreffez-le droit au Sep-*
tentrion, le tournant pour cét effet doucement iufques à ce que l'ombre du Rond, foit
iuftement fur le degré du figne, ou fur le Iour
couránt, en la 1. ligne du Zodiaque proche
du Diametre du Demi-rond : en Efté (c'eft à
dire, depuis le 21. Mars, iufques au 23. Septembre) toufiours en bas, comme fur la 1. ligne le 20. ou le 22. Iuin : en Hyuer (c'eft à dire,
depuis le 23. Septembre, iufques au 21. Mars).

toufiours en haut, comme fur la derniere ligne, le 20. ou le 21. Decembre. Et alors regardant l'autre cofté du Cadran Equinoxial,
l'ombre du Demi-rond vous y monftrera
l'heure en Efté deffus le Cercle du Cadran;
en Hyuer vis à vis des heures au dedans de
l'Epaiffeur du Rond.

3. Pour trouuer les heures au temps des
Equinoxes, remarquez qu'aprés auoir mis le
Cadran en fon Eleuation par le moien du filet à plomb, rafant le degré de la latitude du
lieu fur le Demi-cercle : il le faut pencher
quelque peu vers le Soleil, pour y receuoir
fes Raions, & le dreffer droit au Septentrion
par l'ombre qu'en fera le Rond fur le Zodiaque; & en fuitte pour y voir fur l'autre cofté
l'ombre du Diametre du Demi-rond, qui
marquera l'heure requife, comme cy-deffus
en tout autre temps.

§. 2. *Pour trouuer les Heures de Nuit,*
à la Lune.

POur les trouuer quand l'ombre de la
Lune eft fenfible fur le Cadran, il faut
fçauoir du moins à peu prés deux chofes.
1. Le Iour depuis la Nouuelle Lune ; comme
par les Tables Aftronomiques, & par vn bon
Almanach ; ou par vne fimple fupputation de
trois nombres enfemble; 1. de l'Epacte de

l'année courante, 2. du nombre des iours du
mois prefent, 3. du nombre des mois contez
depuis Mars. Ainfi prenant 1. feulement pour
Ianuier, rien pour Mars, 2. pour Feurier &
Auril, 3. pour May, 4. pour Iuin, pour les autres augmentant de 1. & affemblant ces trois
nombres ; l'Addition que vous-en ferez n'excedant 30. ou fon excez de 30. & de 60. dans
les mois qui ont plus de 30. iours; ou bien
n'excedant 29. ou fon excez de 29. & de 58.
dans les mois qui n'excedent 30. iours ; vous
donnera les iours de la Lune.

2. La II. chofe qu'il faut auffi fçauoir à peu
prés, eft le degré du figne fous lequel fera la
Lune ; comme encore par les Tables Aftronomiques, & par vn bon Almanach : ou par le
Iour de la Lune, lequel eftant trouué comme
nous venons de dire, vous-en doublerez le
nombre, & diuiferez la fomme par 5, contant
combien de fois 5. dans le nombre doublé,
pour dire que la Lune fera éloignée du Soleil,
d'autant de fignes entiers, ou bien d'autant de
fois 30. deg. qu'il y aura de fois 5. au Quotiant
de ce nombre diuifé, & de plus d'autant de
fois 6. degrez, que refteront d'vnitez, outre le
Quotient.

3. Le iour de la Lune, & le degré de fon figne eftant ainfi reconnus ; Mettez le Cadran
tout monté en fon Eleuation, & le tournez
droit au Septentrion par l'ombre de la Lune

fur le degré requis au Zodiaque ; pour-en
connoiftre l'heure fur l'autre cofté du Cadran Equinoxial, par l'ombre que fera le Diametre du Demi-rond; de mefme que vous auriez fait par les Rayons du Soleil, fuiuant les
Regles du §. 1. Cela fait, à l'heure trouuée
par l'ombre de la Lune, ajouftez autant de
fois 3. quars d'heure & 3. minutes, qu'il y aura de iours paffez, depuis la Nouuelle ou Plei-
ne Lune, & de plus autant de fois 2. minutes
qu'il y aura d'heures auffi paffées de plus : &
l'Addition ainfi faite n'excedant pas 12. ou
bien fon excez au deffus de 12. vous donnera
iuftement l'heure requife du Soleil.

§. 3. *Pour trouuer les Heures de Nuit, aux Eftoiles Polaires.*

1. ELles fe trouueront fur le 2. Cercle du
Cadran des Eftoiles, qui font autour
du Pole *dans la Petite Ourfe ou petit Chariot*
(dont vous auez la Figure fur le Demi-rond)
par le fimple regard de deux feulement, fçauoir de p *la Polaire*, & c *la Claire*, qui paroif-
fent plus que toutes les autres. Mais auparauant il faut fçauoir trois chofes. I. que la fufdite *Claire* (comme les autres Eftoiles, chacune à fon iour) fe trouue fous le mefme Meridien que le Soleil, iuftement à minuit, deux
fois l'année, vne fois enuiron le 3. May au

deſſus du Pole, comme au point 12. d'en-
haut ; l'autre fois enuiron le 8. Nouembre au
deſſous du Pole, comme au point 12. d'en bas:
Et fait auſſi ces deux fois les meſme heures
que le Soleil. II. Que la meſme Eſtoile(comme les autres)retourne en vn meſme Meridien pluſtoſt que le Soleil ; enuiron de 1. degré ou de 4. minutes d'heures chaque Iour,
de 1. quart d'heure en 4. iours, de demie
heure en 8. Iours, de 1. heure en 15. iours, de
2. heures en vn mois, ainſi du reſte. D'où ſen-
ſuit que des heures trouuées par les Eſtoiles,
il faut oſter autant d'heures ou de parties
d'heures ſelon cette proportion ; pour auoir
iuſtement les heures du Soleil qui font les
meſures de nos Iours ordinaires. III. Que les
degrez *du Cercle gradué*, contez d'en haut,
depuis 0 vers la gauche, & d'en-bas depuis 0
vers la droite, ſignifient autant de Iours paſſez
d'vne part, depuis le 8. May; & de l'autre, depuis le 8. Nouembre. Les lettres au deſſus
dans le Cadran des Eſtoiles Polaires, monſtrent
le 1. Iour de leur mois; & les petites lignes
correſpondantes à ces iours & degrez, par
leurs chifres, denotent combien d'heures il
en faut oſter, du nombre de celles que l'on
auroit trouué ſur le Cadran, par le regard de
l'Eſtoile, aprés y auoir adiouſté 12. s'il eſt beſoin, pour en faire la ſubſtraction.

2. Ces trois choſes eſtant bien entenduës,

tenez d'vne main le Carré des Cadrans (fans
le Demi-rond) par le bas au point o le plus
droit que vous pourrez, l'inclinant toute-fois
vers voſtre œil, comme ſi c'eſtoit vn Plan E-
quinoxial inferieur. Puis vous eſtant tourné
droit au Septentrion, & de l'autre main bandant le filet attaché au Centre du Cadran, mirez p *l'Eſtoile Polaire* par le meſme Centre
du Cadran, & portez le filet ça & là ſur le
bord du Cadran, iuſques à ce que par le rayon
viſuel, vous le voiez reſpondre *au Centre de
la Claire* c : & là tenant le filet arreſté ſur le 2.
Cercle du Cadran des Eſtoiles, vous verrez à
la lumiere d'vne chandele, l'heure coupée.
De laquelle augmentée de 12. s'il eſt beſoin,
oſtant autât d'heures ou de parties d'heures,
que le mois ou le iour courant reconnu ſur le
Cadran & ſur le Cercle gradué, en monſtre
depuis le point 12 : le Reſte ſera l'heure requiſe du Soleil.

3. Ainſi aprés auoir fait tout ce que deſſus,
le 1. iour de Iuin, & le 1. de Decembre, ſigni-
fiez par I. & par D. qui monſtrent 1. heure &
demie, depuis le point 12. Si vous voyez voſtre filet arreſté ſur 5. heures, de 5. oſtant vne
heure & demie, vous aurez iuſtement 3. heures & demie du Soleil. Mais ſi le filet ſe trouue ſur 1. heure, n'en pouuant oſter 1. heure &
demie, y ayant adjouſté 12. vous aurez 13. d'où
oſtant vne heure & demie, reſtera 11. heures

& demie du Soleil. Pareillement le 15. jour
d'Aouft, ou le 15. de Feurier, fignifiez par le
15. degré d'aprés A & F. qui monftre au deffus dans le Cadran 6. heures & demie, depuis
le point de 12. heures, fi le filet fe trouue fur
8. heures & demie, en oftant 6. heures & demie, vous aurez iuftement 2. heures. Mais fi
le filet eft fur 3. heures & demie, y adjouftant
12, vous aurez 15. heures & demie, & en oftãt
6. heures & demie, refteront 9. heures. De
mefme, fi le filet eft fur 6. heures & demie, par
ce que les oftant de 6. heures & demie, il ne
vous refteroit rien ; il y faut adjoufter 12. que
vous retiendrez, pour l'heure du Soleil. Ainfi
des autres, & en tout autre femblable cas.

II. VSAGE.

Pour trouuer & faire toutes fortes d'An-
gles Rectilignes, & plufieurs Lignes
droites, fur les Plans.

CE 2. Vfage eft Vniuerfel, & fert non
feulement aux Cadrans, & à l'Horographie ou Gnomonique ; mais encore à l'Aftronomie, Geographie, Geometrie, &
à plufieurs autres Sciences & Pratiques. Qui
fuppofent la connoiffance de diuers angles, &
diuerfes lignes, auec l'induftrie de les faire ;

comme l'on peut commodément, facilement,
& promptement , par le seul Carré des Cadrans , sans y adjouster le Demi-rond. Mais
auparauant il faut sçauoir que nous parlons
icy seulement des Angles Rectilignes, dont la
grandeur & petitesse se prend du nombre
des degrez, qu'ils contiennent entre-deux lignes droites ; qui s'expriment ordinairement
par trois lettres, dont la principale est celle du
milieu , qui monstre tousiours l'Angle proposé. Cela supposé, vous connoistrez & ferez
les Angles Rectilignes, & toutes sortes de lignes droites sur les Plans, comme s'ensuit
dans la premiere Figure page 1.

§. 1. *Pour trouuer, & faire toutes sortes d'Angles, entre deux lignes droites.*

1. **P**Our *trouuer l'Angle* ... *t comme* A B D.
sur l'angle proposé B ajustez l'angle
Droit B du Carré, le haut A B sur la ligne
B A. le costé B D du Carré, se trouuera iustement sur l'autre ligne B D. Pareillement *pour
faire vn Angle droit,* comme A C D. sur C le
point proposé , couchez l'angle droit C du
Carré, le bas C D. sur la ligne C D si vous l'a-
uez, & tirez l'autre ligne C A, le long du costé
C A ; ou bien tirez C D , C A le long de C D,
C A les costez du Carré : vous aurez A C D
l'angle droit requis.

2. *Pour trouuer & connoiftre l'Angle Aigu,* comme C A D. Arreftez le Centre du Carré fur A, fa ligne du milieu M 12. fur A C. Et le filet bandé du Centre fur A D, coupera fur le Cercle gradué le degré de l'Angle requis, comme de 45. degrez. Semblablement *pour faire l'Angle Aigu* comme encore C A D de 45. deg. Tirez la ligne droite A C, puis ayant arrefté le Centre du Carré fur A le point choifi, & fa ligne M 12. fur A C; bandez le filet du Centre fur le Cercle gradué au degré de l'angle requis, comme de 45. deg. & marquez au rencontre fur le Plan le point D, pour tirer A D, & auoir l'angle demandé C A D de 45. degrez.

3. *Pour trouuer l'Angle Obtus,* comme A O H, Arreftez le Centre du Carré fur O, fon Demi-diametre gauche O fur O A. Et le filet bandé du Centre fur O H, coupera fur le Cercle gradué vn degré comme 45. lequel eftant adioufté à 90. deg. fera 135. degrez en tout pour l'Angle proposé A O H. De mefme *pour faire l'Angle Obtus*, comme A O H, de 135. degrez. Tirez la ligne droite A O, puis ayant arrefté le Centre du Carré fur O le point choifi, fon Demi-diametre gauche O fur O A; bandez le filet fur le Cercle gradué au degré requis & conté depuis le fufdit Demi-diametre O, pour l'Angle proposé comme de 135. degrez; & marquez au rencontre fur le

Plan le point H, pour tirer O H. & auoir l'Angle demandé A O H de 135. degrez. Ainſi de
tous les autres , à proportion.

§. 2. *Pour trouuer & faire ſur les Plans,*
les lignes Perpendiculaires, les
Paralleles , & le Carré.

1. POur trouuer la ligne Perpendiculaire, ou
de Plomb, comme E O F en O ſur G O
H. Couchez vn des Angles du Carré en O,
auec ſon coſté ſur la ligne G O, & ſon autre
coſté ſe trouuera iuſtement ſur E O, ſi elle
eſt de Plom & Perpendiculaire. Ou bien encore, poſez le Centre du Carré en O ſa ligne
M S. ſur G O H. & le Diametre O O ren-
contrera la Perpendiculaire E O F. Pareillement *pour faire* la Perpendiculaire E O F en
O ſur G O H. Couchez vn Angle droit du
Carré ſur O, ſon coſté ſur G O. & la Regle
iointe à l'autre coſté vous donnera E O F la
Perpendiculaire requiſe. Ou bien encore poſez le Centre du Carré ſur O, la ligne M S
ſur G O F. & le Diametre O O vous fera
E O F.

2. *Pour trouuer les Paralleles*, comme A B,
G H. Couchez A B le haut du Carré ſur Aß
vne des lignes propoſées. Et la diſtance A G,
B H des deux coſtez (meſurée ſi vous voulez
auec le Compas) ſe trouuant égale ; vous

monſtrera que les deux lignes A B , GH. ſe-
ront Paralleles. Semblablement *pour faire
deux Paralleles*, comme A B, C D. Tirez A B
le long de A B le haut du Carré ; & des deux
coſtez, marquez(auec le Compas ſi vous voulez) la diſtance égale A C, B D : pour   ire A B,
C D les Paralleles requiſes , ſi longues qu'il
vous plaira.

3. *Pour trouuer ſi vn Carré eſt parfait*,
comme A B D C, *ou Bar-long* côme A B H G.
Couchez premieremét vn des Angles droits
du Carré des Cadrans, ſur tous les Angles
du Carré proposé , & voyez s'il conuiennent
tous à l'Angle droit de tous les coſtez. Puis
par le Carré des Meſures ou par le Compas,
ayant meſuré tous les coſtez ; S'ils ſe trouuent tous égaux, le Carré en ſera parfait, comme A B D C. ſinon, ce ſera vn Bar-long, comme A B H G. dont les deux coſtez oppoſez
doiuent eſtre égaus, & inegaux aux deux autres. De meſme, *Pour faire vn Carré parfait*,
comme A B D C. ſur le Plan proposé, couchez le Carré des Cadrans, & le long des coſtez d'vn de ſes Angles droits, tirez deux lignes égales , comme A B, A C ſi grandes qu'il
vous plaira Puis ayant eſtendu le Compas de
B en A, coupez-en vn arc de B & de C en D:
pour tirer aprés B D, C D. egales aux autres
A B, A C ; qui feront toutes enſemble le Carré parfait requis A B D C. *Pour faire le Bar-*

long, comme A B H G. Par le Carré des Cadrans ayant fait en Angle droit A B, A G inegaux ; eſtendez le Compas de B en A, & le portez en G, pour faire l'arc H. & derechef ayant eſtendu le Compas de G en A, & de B en ayant coupé l'arc H ; tirez B H, G H, pour auoir le Bar-long requis A B H G. Ainſi des autres Figures à proportion.

§. 3. *Pour faire les lignes Horizontales, les Verticales, & les penchantes, ſur vn Plan Vertical.*

1. **P**Our faire les lignes *Horizontales ſur vn Plan Vertical*, ou ſur les Murailles; comme ſeroit G Q H *en la meſme Figure* 1, que vous concevrez ſi grande qu'il vous plaira. Couchez ſur le Plan vne longue Regle de trauers, le haut iuſtement ſur O le point proposé ; & au bas de la Regle ioignez le haut du Carré des Cadrans, auec ſon plom pendant à vn filet ſortant du Centre. Puis ayant tourné ça & là l'vn & l'autre enſemble, iuſques à ce que le filet ſoit iuſtement ſur o. 12. la ligne du milieu ; tirez au deſſus de la Regle la ligne Horizontale requiſe G O H.

2. Pour faire les lignes *Verticales ou à plom* ſur vn Plan Vertical, ou ſur les Murailles ; comme ſeroit E O F. Couchez ſur le Plan, la Regle de long, vn de ſes coſtez iuſte-

ment fur O le point proposé ; & à fon autre
cofté, ioignez vn cofté du Carré, auec fon
plom & fon filet fortans du Centre. Puis
ayant tourné la Regle & le Carré enfemble,
iufques à ce que le filet foit iuftement fur o.
11. la ligne du milieu ; tirez le long de la Regle, la ligne Verticale requife E O F.

3. Pour faire les lignes *Panchantes ou incli-*
nées fur vn Plan Vertical, ou fur les murailles;
comme feroit A O D inclinée de 45. degrez
Si l'inclinaifon doit eftre fur l'Horifontale,
comme fur G O H; Couchez la Regle fur cette Horizontale, le milieu d'vn de fes coftez
iuftement fur O le point proposé, & à fon autre cofté ioignez le bas ou le haut du Carré
que vous tournerez auec la Regle, du cofté de
l'inclinaifon, iufques à ce que le filet pendant
du Centre, fe trouue fur le degré requis, comme fur 45. Pour tirer le long de la Regle la ligne requife. A O D inclinée de 45. degrez.
Mais fi l'inclinaifon doit eftre prife fur la
Verticale, comme fur A C couchez la Regle
fur cette Verticale, vn cofté de fon bout d'en-
haut iuftement fur A le point proposé ; & à
fon autre cofté, ioignez vn cofté du Carré,
que vous tournerez aufli auec la Regle du cô-
fté de l'inclinaifon, iufques à ce que le filet
pendant du Centre fe trouue fur le degré requis, comme fur 45. Pour tirer de mefme le
long de la Regle la ligne A O D. inclinée de

45. degrez sur la Verticale A C. Ainsi des autres.

III. VSAGE.

Pour trouuer d'vne façon commune la ligne Meridiene, la hauteur du Soleil & de l'Equateur, l'Eleuation du Pole, & la Latitude d'vn lieu, auec leur Complement sur l'Horizon.

CE 3. Vsage est commun à l'Astronomie, Geographie & Gnomonique, & sert comme de fondement à la science des Cadrans. En voicy la Pratique dans les deux Paragraphes suiuans.

§. 1. *Pour trouuer la ligne Meridiene, sur vn Plan Horizontal ; auec les quatre principales Parties du Monde, d'vne façon commune.*

1. EN lieu commode & bien exposé au Soleil, comme sur vn Poteau au milieu d'vne Cour ou d'vn Iardin ; dressez de Niueau le Plan Horizontal par le moyen de Nostre Carré, comme nous verrons plus particulierement *dans le 5. Vsage.* Et au milieu de ce Plan *comme dans la 2. Figure de la 1. Page,*

Faites vn point comme a, fur lequel vous po-
ferez vn ftile droit, ou pluftoft l'angle droit
a b, d'vn petit Triangle ou Carré comme d'vn
dez.

2. Cette preparation eftant ainfi faite, à
quelque beau iour de Soleil, prenez deux
temps commodes egalement diftans, deuant
& aprés midy, pour-en faire l'operation. Ainfi
le ftile ou l'angle droit eftant posé fur a le
point fait au milieu du Plan ; enuiron les neuf
heures du matin, marquez-en exactement le
bout de l'ombre comme au point c ; & en mefme temps auec le Compas eftendu de a en c,
faites l'arc c d. Puis aprés midy vn peu deuant 3. heures, eftant retourné à voftre Plan,
marquez encore le bout de l'ombre du ftile
ou angle droit, terminée iuftement dans l'arc
c d, comme au point d.

3. Cela fait, prenez iuftement le point milieu de c d comme S. & auec la Regle tirez
la ligne droite M. à S qui fera la ligne Meridiene requife. Et en fuitte par l'angle droit du
Carré *comme en la page* 27. ayant auffi tiré la
Perpendiculaire L C, vous aurez les quatre
principales Parties du monde ; fçauoir le Midy droit vers M. le Septentrion vers S. le
Leuant ou l'Orient des Equinoxes vers L. &
le Couchant ou l'Occident des Equinoxes
vers C.

§. 2.

§. 2. *Pour trouuer la hauteur du Soleil, &*
de l'Equateur, sur l'Horizon.

1. **P**Our la *Hauteur du Soleil.* Mettez vne
Epingle ou vne pointe bien droite au
milieu d'vne des lignes de trauers de noſtre
Carré ; comme au haut vers le point o ſur
la 2. ligne du 2. Carré, ou bien ſur la 2. ligne
de la Plate-bande ; & faites pendre vn plom
auec vn filet delié, ſortant du Centre du Carré. Puis à telle heure qu'il vous plaira, hauſ-
ſez vn des coſtez du Carté droit vers le Soleil, iuſques à ce que l'ombre de la pointe
droite couure iuſtement ſa ligne : & en meſme temps le filet razant l'autre coſté du Carré, ſur le Carré des degrez, & ſur le Cercle
gradué, coupera le degré de la hauteur requiſe du Soleil ſur l'Horizon ; comme 30. degrez
contez depuis o la ligne du milieu. Ainſi des
autres.

2. *Pour la Hauteur de l'Equateur.* En vn
beau iour, iuſtement à Midy , reconnu par
quelque bon Cadran, ou par l'ombre d'vne
pointe droite ſur la ligne Meridiene, auparauant treuuée comme cy-deuant au §. 1. Prenez exactement la hauteur du Soleil ſur l'Horizon, comme nous venons de dire. Puis ſça-
chant par la Table la Declinaiſon, que le Soleil doit auoir ce iour-là ; & l'oſtant de la Hau-

C

teur Meridiene trouuée du Soleil à Midy, si elle est Septentrionale, comme depuis le 21. Mars, iusques au 23. Septembre ; & l'adjoustant à cette hauteur, si elle est Australe, comme depuis le 25. Septembre, iusque au 21. Mars : le Reste de cette substraction, ou le Tout de cette Addition sera la Hauteur requise de l'Equateur.

3. Ainsi le 22. Iuin la declinaison du Soleil estant Septentrionale de 23. deg. 30. min. si la hauteur Meridiene est de 64. de 45. m. en ayant osté 23. d. 30. m. le Reste 41. d 15. m. serà la hauteur de l'Equateur. Au contraire le 22. Decembre la declinaison estant australe de 23. d. 30. m. si la hauteur Merid. est de 17. d. 45. m. y adjoustant 23. d 30. m. Le Tout 41. d. 15. m. sera encore la hauteur de l'Equateur, comme à Paris. Ainsi des autres.

§. 3. *Pour trouuer l'Eleuation du Pole & la Latitude d'vn lieu, auec le Complement.*

1. TRouuez premierement la hauteur du Soleil à Midy, & par cette hauteur, trouuez encore celle de l'Equateur, comme nous auons monstré cy-dessus. Puis de 90. degrez ostez ceux de la hauteur trouuée de l'Equateur : & le reste sera les degrez de l'Eleuation du Pole, & de la Latitude requi-

fe du lieu proposé.

2. Ainſi pour Paris ayant trouué 41. d. 15. m. de la hauteur de l'Equateur, comme cy-deuant : de 90 d. oſtant 41. d. 15. m. reſteront 48. d. 45 m. pour l'Eleuation du Pole, & pour la Latitude de Paris. Ainſi des autres.

3. Pareillement *pour le Complement* de la hauteur du Soleil & de l'Equateur, & de l'Eleuation du Pole & de la Latitude d'vn lieu. En ayant trouué les degrez, comme nous auons expliqué ; oſtez-les de 90. degrez : & le Reſte ſera ce Complement requis. Ainſi 30. d. trouuez pour la hauteur du Soleil, & oſtez de 90 laiſſeront 60. d. pour leur Complement. De meſme 41. d. 15. m. de la hauteur de l'Equateur auront 48. d. 45. m. & au contraire 48. d. 45. m. de Pole. & de Latitude, auront 41. d. 15. m. pour leur Complement, Ainſi des autres.

IV. VSAGE.

pour trouuer la Meridiene auec la ligne de 6. heures ; & la Declinaiſon des Plans ; d'vne façon Nouuelle : Par le Cadran des Cadrans.

CEtte façon Nouuelle pour trouuer la ligne Meridiene auec celle de 6. heures, ſur vn Plan Horizontal, & la Declinaiſon du

Cercle Vertical ou de la Meridiene, fur vñ
Plan Vertical ou Inclinant, par tout & à tout
momét que le Soleil y luira; doit eftre d'autât
plus eftimée, qu'elle eft plus Vniuerfelle, plus
prompte, plus facile, & plus exaẽte que plufieurs autres. Voyez la pratique *par Noftre Ca-*
dran des Cadrãs, dãs les Paragraphes fuiuans;
& dans la *Fig. 3. & 4. de la 1. Page ou Planche.*

§.1. *Pour trouuer la ligne Meridiene, &*
　　de 6. heures ; d'vne Nouuelle façon,
　　　par le Cadran des Cadrans, fur
　　　　vn Plan Horizontal.

1. **C**Hoififfez le Plan Horizontal bien vni
　　& poli comme fur la Piere, ou fur
l'Ardoife ; & en lieu commode, comme fur
l'appuy d'vne feneftre, bien expofée au Soleil. Ou bien dreffez le vous mefme de Niueau ;fur vn poteau, au milieu d'vne Cour &
d'vn Iardin, comme nous dirós *en la Page* 46.
Et fur le milieu de ce Plan Horizontal, couchez vne Regle, excedant le bord du Plan
d'vn demi-pied, fi vous voulez; & fur le milieu de cette Regles, faites vne ligne de long,
Parallele à fes coftez: comme feroit A B *dans*
la Fig. 3. que vous conceurez fi grande qu'il
vous plaira ; ou bien encore plus commodément, faites que la Regle aye vne feüilleure à
l'vn de fes coftez.

2. A quelque heure d'vn beau iour de Soleil, ayant *monté le Cadran*, c'est à dire, arresté
en angle droit dans le Rond du Cadran, le
Demi-Rond, auec son plom & son filet pendant au Centre du Demi-cercle: en vn bout
de la Regle couchée sur le Plan, & sur sa ligne A B, ou plustost sur la feüilleure, posez le
bas du Carré, dont vous releuerez le haut
vers le Midy, & sa face vers le Septentrion,
tant que le filet viene à razer le degré de Latitude, comme nous auons dit *en la Page* 17.
Puis tenant ainsi le Cadran sur la ligne A B,
ou sur la feüilleure, & *en son Eleuation*, tournez-le doucement auec la Regle, iusques à ce
que l'ombre du Rond soit iustement *sur le
degré du signe*, ou sur le iour courant, reconnu
sur la 1. ligne du Zodiaque proche du Diametre du Demi-rond ; comme si vous vouliez
trouuer l'heure, que vous connoistrez en effet pour lors, si vous voulez.

3. Cela fait, retirant seulement le Cadran,
& arrestant la Regle au mesme endroit où elle seroit trouuée, tirez de son long a b. la ligne de 6. heures: sur le milieu de laquelle par
après, vous coucherez vn des Angles droits
& vn costé du Carré, pour y ioindre encore
la Regle, si vous voulez, & faire de son long
la ligne Perpendiculaire c d qui sera la Meridiene requise. Et en suite vous aurez le Midy
vers c, le Septentrion vers d, le Leuant ou

l'Orient vers a, le Couchant ou l'Occident
vers b.

§   2. *Preparation pour trouuer d'vne*
Nouuelle façon , la Declinaison du
Cercle Vertical & du Meridien , sur
vn Plan Vertical & inclinant ; par le
Cadran des Cadrans.

1. POur toute preparation , outre le Cadran *tout monté* ; ayez vn Carré de bois
bien vni , ou de quelque autre matiere, enuiron de demi-pied, comme a b c d *Fig. 4. de la*
1. Planche. & sur ce 1. Carré vn 2. Carré des
Cadrans proprement colé , A B Parallele à a
b, C D à c d, son Diametre O O au milieu.

2. Ou bien au lieu du Carré des Cadrans,
sur ce 1. Carré a b c d faites deux Perpendiculaires or. oc. m s, coupées au milieu , d'où
vous ferez vn Cercle m or. s oc. gradué ou
non , comme de la grandeur du Nostre gradué.

3. Ayez encore vne Regle enuiron d'vn
pied, auec vne feüilleure à vn de ses costez, &
vn petit bec percé au bout de ce mesme costé ; pour arrester & tourner commodément la
Regle , sur le Centre dudit Carré des Cadrans, ou du susdit Cercle m. or. s.o c.

§ 3. *Pratique pour trouuer la Declinaison des Plans Verticaus & Inclinans, par le Cadran des Cadrans.*

1. LA preparation eſtant faite, comme nous venons de dire ; dreſſez au Niueau le Carré a b c d, & l'appliquez au Plan propoſé ; a b vers le Plan, c d vers vous, ſi le Soleil à Midy peut luire ſur le Plan ; ſinon, c d vers le Plan, a b vers vous : vn coſté du Cadran *tout monté*, iuſtement ſur la ligne a c, ou b d ; hauſſant ou baiſſant les deux enſemble, iuſques à ce que le filet pendant auec ſon plom du Centre du Demi-rond, raze librement ſon Diamettre 90. 90. Puis tenant ainſi d'vne main le Carré a b c d, à peu prés Parallele à l'Horizon ; de l'autre main dreſſez ſur la Regle le Cadran *tout monté*, ſa face tournée vers le Plan propoſé ſi le Soleil y luit à Midy ; ſinon, tournée vers vous : C D le bas ioint à la feüilleure de la Regle ; A B le haut releué, tant que le filet auec ſon plom raze librement le degré de Latitude comme 49.

2. Aprés cela, tournez ça & là doucement deuers vous, la Regle auec le Cadran ainſi dreſſé ; iuſques à ce que l'ombre du Rond ſe trouue iuſtement *ſur le degré du ſigne*, ou ſur le iour courant, reconnu ſur la 1. ligne du Zodiaque : comme ſi vous vouliez trouuer

C iiij

l'heure & la Meridienne. Puis au coſté du petit bec de la Regle, ſur le Cercle gradué du
Carré des Cadrans, voiez le degré coupé;
lequel eſtant conté depuis le plus proche
Demi-diametre O, ſera le degré requis de la
Declinaiſon du Cercle Vertical & du Meridien. Et cette Declinaiſon s'appelera du Midy vers Orient, ſi la Regle ſe trouue ſur le coſté du 3. Carré marqué D. M. O R. Du Midy
vers Occident, ſi elle eſt ſur le coſté D. M.
O C. Du Septentrion vers Orient, ſur D S.
O R. Du Septentrion vers Occident, ſur
D. S. O C.

3. Ou bien encore de meſme ſur le Cercle
m. o r. ſ. o c. Voyez le point coupé; duquel
iuſque au point or. ou oc. plus proche eſtendant le Compas, vous le tranſporterez ſur le
Cercle gradué pareil comme le Noſtre, depuis
M. ou S. vers O. pour y voir auſſi le degré de
la Declinaiſon, qui ſera ſemblablement du
Midy ou du Septentrion, vers Orient ou vers
Occident, ſelon que la Regle en auroit marqué le point entre m. ou ſ. & or. ou oc. ſur
le Cercle fait au Plan a b c d.

V. VSAGE.

Pour dreſſer les Styles, & les Plans des Cadrans.

Omme generalement parlant, il y peut auoir trois ſortes de Styles, ſur les Cadrans; ſçauoir les ſtyles droits, les figurez, & les obliques ou Paralleles à l'Axe du monde: ainſi les Plans des Cadrans peuuent eſtre de trois ſortes; ſçauoir les Horizontaus, les Inclinez, & les Verticaus. Toute l'induſtrie eſt de les dreſſer iuſtement & facilement, & de les bien placer comme il faut, chacun en ſon propre lieu, & dans ſa propre forme. C'eſt ce que ie pretens monſtrer à faire, par le Cadran des Cadrans, dans les Paragraphes ſuiuans, & dans *les Figures* 5. 6. 7. 8. 9. *de la Planche.*

§. 1. Pour dreſſer facilement & iuſtement les Styles des Cadrans.

1. LEs *Styles droits*, ſont ceux-là proprement, qui de toutes leurs parties ſont éleuéz perpendiculairement & en ligne droite, ſur vn point particulier & determiné au Plan du Cadran; comme ſeroit a b ſur a *dans la Fig.* 5. Pour les dreſſer promptement & iu-

ſtement, ſeruez-vous du Carré des Cadrans.
Et aprés auoir attaché ou enfoncé tant qu'il
ſera neceſſaire, le pied du ſtyle en ſon propre
lieu, comme en a , ſa iuſte hauteur & longueur a b reſeruez en pointe ſur le Plan : Poſez vn angle droit du Carré des Cadrans au
pied du ſtyle, vn de ſes coſtez ſur le Plan, en
bas & en haut, à droite & à gauche, s'il eſt beſoin ; l'autre coſté tout droit, y ioignant encore le coſté d'vne Regle, s'il eſt neceſſaire, pour
y ajuſter b la pointe du ſtyle droit a b, à la re-
ſerue ſeulement d'enuiron la moitié de l'é-
paiſſeur du pied a, plus gros que ne ſeroit
cette pointe b.

2. Les ſtiles figurez, comme vne croix,
vne fleur de lys , & toute autre forme qu'il
vous plaira, telle que ſeroit b c *en la* 6. *Figu-*
re, ſe pourront auſſi facilement dreſſer par le
Carré des Cadrans, comme s'enſuit. Aprés
auoir marqué a b la hauteur ou longueur
conuenable du ſtyle droit ſuppoſé d'vn Cadran ſur le coſté d'vne Regle : poſez vn angle
droit du Carré des Cadrans en a le pied du
ſtyle droit ſuppoſé, vn de ſes coſtez ſur le
Plan, l'autre coſté tout droit adjuſté au coſté
de la regle où ſeroit auparauant marquée la
longueur a b du ſtyle droit. Puis ayant pre-
ſenté au point b de la Regle, la pointe b du
ſtyle figuré b c. poſez en le pied c au lieu que
vous iugerez plus commode ; & l'y arreſtez

aprés-en auoir derechef ajuſté la pointe b, au point b de la Regle, s'il eſt beſoin, comme nous venons de dire.

3. *Les ſtyles obliques* autrement appellez la ligne Polaire ou l'Axe, parce qu'ils ſont Paralleles à l'Axe du monde, ſe dreſſeront auſſi facilement & iuſtement, en leur propre lieu ſur la ſubſtylaire du Cadran, & en leur Eleuation conuenable ; par Noſtre Carré des Cadrans, comme s'enſuit.

§. 2. *Trois façons pour dreſſer les Styles Obliques, & les Axes.*

I. SI le ſtyle oblique, ou l'Axe & la ligne Polaire aux Cadrans, ſe trouue auec le ſtyle droit en vne meſme Piece, comme *dans la Fig.* 7. Faites vne fente ſur la ſubſtylaire, propre pour y enfoncer le tenon ; en ſorte que le point c ſoit iuſtement ſur le Centre du Cadran, c a ſur la ſubſtylaire, a ſur le lieu du ſtyle droit ab, la pointe b droite ſur a, & en ſuite le ſtyle oblique cb iuſtement au deſſus de la ſubſtylaire c a.

I I. Si le ſtyle oblique eſt ſeparé du ſtyle droit, comme c b *dans la* 8. *Fig.* auec vn ſouſtien a b ou non, & ſi le Cadran à vn Centre : aprés auoir preparé le ſtyle oblique d'vne grandeur & groſſeur conuenable, comme ſeroit vne verge de fer bien arrondie, & aprés

y auoir marqué de fon bout ou de fa pointe b,
la longueur c b de l'Axe que doit auoir le Cadran: applatiffez l'autre bout que vous perce-
rez au delà de c, ou bien referuez y vne pointe, pour l'attacher ou enfoncer au Centre du
Cadran: en forte que c & le milieu de la groffeur ou épaiffeur de ce ftyle fe trouue fur le
Centre; & que c b la longueur requife toute
iufte hors du Plan, foit eleuée à peu prés comme elle doit eftre fur la fubftylaire c a fuppo-
fée. Puis fur a le lieu du ftyle, marquez en la
fubftylaire c a, pofez vn angle droit du Carré
des Cadrans; vn de fes coftez fur le Plan; l'autre cofté tout droit adjufté au cofté d'vne Regle, où feroit auparauant marquée la longueur du ftyle droit a b; pour adjufter auffi b
le bout ou la pointe du ftyle oblique au point
b de la dite Regle. Aprés cela, pour eftre plus
exact; fi vous fçauez le degré d'Excuation,
que doit auoir le ftyle oblique ou l'Axe, fur la
fubftylaire du Cadran: pofez C D le bas du
Carré fur c b, & faites que le filet auec fon
plom fortant du Centre du Carré, raze librement le degré requis.

III.　Si en vn Cadran fans Centre vous
voulez vn ftyle oblique auec vn ou deux fouftiens, cómme *en la Fig. 9.* Prenez-en la forme &
les mefurez fur le le Cadran; la grandeur de la
vergette b d fur l'Axe; la diftance a c fur la
fubftylaire, & la hauteur des fouftiens a b

c d, entre la fubſtylaire & l'Axe, telle qu'il
vous plaira ; & reſeruât au deſſous de a & c ce
qu'il faudra, pour attacher ou enfoncer ces
fouſtiens, où il ſera plus commode, & pour
les éleuer tant qu'il ſera neceſſaire, auec le ſtyle oblique b d ſur la ſubſtylaire a c. Puis ayant
marqué ſur le coſté d'vne Regle, la iuſte hauteur des deux bouts de l'Axe ſur la ſubſtylaire, comme depuis d le bout de l'Axe, iuſques
au point c le lien du ſtyle, & depuis a en ligne
droite iuſques au point b : ſur c le lieu du ſtyle comme cy-deuant, poſez l'Angle droit d'v-
de Equerre ou de Noſtre Carré auec la Regle, pour y ajuſter le bout de l'Axe au point d;
pareillement ſur a pour le point b de l'autre
bout. Semblablement pour eſtre plus exact,
poſez C D le bas du Carré ſur l'Axe b d, &
en cette conionction de l'Axe & du Carré,
faites que le filet pendant, raze librement le
degré de l'Axe ſur la ſubſtylaire, fi vous le
ſçauez.

§. 3. *Pour dreſſer facilement & iuſtement* *les Plans mobiles des Cadrans.*

1. **P**Our dreſſer promptement & iuſtement
de Niueau les Plans Horizontaux. Au
trauers du Plan, couchez vn coſté d'vne Regle, & ſur l'autre poſez C D le bas du Carré
des Cadrans, & faites que dans cette conion-

ƀion le filet auec son plom pendant du Centre du Carré raze librement la ligne du milieu. Ou bien encore plus promptement si le
Plan est éleué sur terre comme sur vn Poteau;
seruez vous *du Cadran tout monté*, & en couchez A C ou B D vn costé du Carré sur le
Plan ; ou en cette conionction du Plan auec le
Carré, faites que le filet auec son plom pendant du Centre du Demi-cercle, raze librement son Demi-diametre 90. sur le Demi-
rond.

2. Pour dresser *au Midy les Cadrans Hori-*
zontaus, faites sur leur Plan. Ayant dressé &
conseruant le Plan de Niueau, comme nous
venons de dire, couchez vne Regle auec sa
feüilleure d'vn costé sur la ligne de 6. heures;
& sur cette feüilleure, posez C D le bas
du Cadran tout monté, que vous mettrez en
son Eleuation, tournât sa face vers le Septentrion , & releuant A B le haut vers le Midy,
tant que le filet raze le degré de la Latitude
du lieu sur le Demi-cercle du Demi - rond.
Puis tenant ainsi le Cadran en son Eleuation
sur la Regle & sur le Cadran, tournez doucement le tout ensemble, iusques à ce que l'ombre du Rond soit iustement sur le degré du signe, ou sur le iour courant, reconnu en la 1.
ligne du Zodiaque, comme pour trouuer
l'heure : & par ce moyen le Cadran Horizontal estant dressé à son midy, vous l'arresterez

en cette situation. Ou bien plus simplement
au lieu de la regle, adjustez C D le bas du Cadran tout monté, au bord Parallele à la ligne
de 6. heures, & l'ayant mis en son Eleuation,
comme cy-deuant, tournez-le doucement
auec le Plan Horizontal, iusques à ce que
l'ombre du Rond soit sur le iour au Zodiaque
du Demi rond, pour arrester là le Plan du
Cadran Horizontal.

3. Pour dresser les Plans *inclinez, ou pen-*
chans en leur Eleuation conuenable sur l'Horison. Posez encore C D le bas du Carré sur
le costé penchant du Plan, haussant vn Angle
du Carré tousiours ioint au Plan, iusque à
ce que le filet pendant raze le degré de l'in-
clinaison ou pente requise sur l'Horison.
Pour dresser *les Verticaus à plom.* Ioignez au
Plan le costé A C ou B D du Carré, & faites
que le filet pendant auec son plom raze librement la ligne du milieu; pour arrester ainsi le
Plan.

4. Finalement *pour dresser au Midy des*
deux sortes de Plans inclinez & Verticaus
auec leurs Cadrans. Posez C D le bas du Cadran tout monté sur l'Horizontale, ou sur vne
autre ligne Parallele à l'Horizon que vous iugerez plus commode en ces deux sortes de
Plans. Et là éleuant le Cadran en son degré
de Latitude, sa face tousiours vers le Septentrion; tournez-le doucement auec ces Plans,

iufques à ce que l'ombre du Rond foit fur
fon iour au Zodiaque du Demi-rond, comme cy-deffus : Pour arrefter ainfi les Plans
propofez, aprés que vous aurez derechef ef-
prouué par le Carré, comme nous auons dit
auparauant , s'ils font en leur Eleuation requife, fçauoir les Verticaus à plom , & les
Inclinez en leur inclinaifon ou pente côuue-
nable.

VI. VSAGE.

*Pour faire fur les Plans toutes fortes de
Cadrans , par le Cadran ou Carré des
Cadrans , en general ; & pour les Ho-
rizontaus & Verticaus en particulier.*

Tout ce que nous auons propofé
dans les vfages precedens, feruira
comme de preparatió à ce que nous
verrons cy-aprés, dans les fuiuans. Où felon
mon principal deffein , ie pretens monftrer
d'vne façon toute nouuelle, comme nous
pourrons facilement, iuftement & promptement faire fur les Plans, toutes fortes de Cadrans, par Noftre Cadran des Cadrans : Premierement en general ; puis en particulier ; &
pour telle Eleuation que l'on voudra. Voyons
la Pratique de tous, & d'vn chacun par ordre.

§. I.

§. 1. *Pour faire sur les Plans, toutes sortes de Cadrans, en general.*

AVant toute autre chose, il est à propos de bien entendre les Remarques suiuantes ; qui nous seruiront comme de fondement à tout le reste.

1. Les Cadrans que l'on peut faire sur les Plans, generalement parlant, sont de neuf sortes ; tous diuers dans la diuersité de leurs aspects, & selon les neuf Cercles principaus de la Sphere, auxquels ces Plans se peuuent rencontrer Paralleles. Les cinq premiers se nomment ordinairement *Reguliers*, que i'appelle aussi Droits ; parce qu'ils sont reglez en leur situation & en leur aspect, leurs Plans estans tournez directement vers quelqu'vne des principales parties du monde : & les quatre derniers s'appellent *Irreguliers*, n'estans reglez en leur situation, & regardans diuersement diuers endroits de la Sphere : comme nous expliquerons, chacun en son lieu. Le 1. & principal est l'Horizontal. 2. Le Vertical. 3. l'Equinoxial. 4. le Polaire. 5. le Meridien. 6. le Vertical Declinant. 7. l'Inclinant sur l'Horizon. 8. le Declinant de l'Horizon. 9. le Declinant & Inclinant tout ensemble sur l'Horison.

2. Pour faire generalement tous ces Ca-

D

drans , par Noftre Nouuelle Methode; ré-
marquez fix chofes principales. I. La ligné
fubftylaire, fur laquelle doit eftre marqué le
lien du ftyle droit. II. La ligne Equinoxiale
fur fon prope point, toufiours perpendiculaire à la fubftylaire III. Le Raion de l'Equateur, pris depuis la pointe du ftyle , iufques à
la Section de l'Equinoxial & de la fubftylaire,& de cette Section tranfporté fur la mefme
fubftylaire, y marquant vn point en haut ou
en bas pour le Centre de l'Equateur. IV. Le
Cercle de l'Equateur autour de ce point du
Centre de l'Equateur , fait à difcretion,& diuifé en 24. parties égales , ou bien de 15. en 15.
degrez pour les heures, & de 7. degrez & demy pour les demies ; commençant la diuifion
de la premiere heure de part & d'autre , depuis le point correfpondant à la Section de la
Meridiene & de l'Equinoxial. V. Au lieu de
ce Cercle de l'Equateur, l'on fe pourra feruir
de Noftre Cadran ou Cercle gradué , tant
qu'on le iugera plus commode; en appliquant
le Centre fur le fufdit point du Centre de
l'Equateur, & le tournant iufques à ce que le
filet bandé du Centre fur la Section de la Meridiene & de l'Equinoxial foit iuftement fur
M la ligne du milieu. VI. Le Cadran eftant
ainfi difposé & arrefté, l'on bandera le filet de
part & d'autre de 15. en 15. degrez pour les
heures, & de 7. deg. & demy pour les de-

mies en marquant tant de points que l'on pourra fur l'Equinoxiale, par lesquels l'on tirera toutes les lignes requiſes, du Centre du Cadran, ſi l'on le peut auoir ſur le Plan propoſé.

3. Si l'on ne peut auoir commodément le Centre du Cadran, ſur le Plan ; & ſi l'on a peine de marquer ſur l'Equinoxiale, quelques points des heures plus éloignées de la ſubſtylaire du Cadran; ou bien encore ſi l'on ne veut ou l'on ne peut aiſément ſe ſeruir de Noſtré Cadran des Cadrans : Faites encore trois choſes. I. *Pour ſuppléer au Centre du Cadran*, ayãt couché le ſtyle droit d'equerre ſur la ſubſtylaire, tirez l'Axe par ſon angle requis ſur la pointe du ſtyle ; & en ſuite ayant trouué deux diuers Rayons auec deux Centres de l'Equateur, tirez auſſi legerement deux Equinoxiales, & autour de ces deux Centres, faites deux Cercles differans de l'Equateur ; ou bien appliquez y le Cadran des Cadrans, pour en marquer les poins requis des heures ſur les deux Equinoxiales, comme nous dirons en ſon lieu. II. *Pour les poins des heures plus éloignées*, ſeruez vous d'vne ou de deux Paralleles à la Meridiene, ou à la ligne de 6. heures ; comme nous monſtrerons encore. III. Finalement quand vous ne pourrez commodément vour ſeruir du Cadran des Cadrans pour en marquer les heures ſur l'Equinoxia-

le , feruez-vous auffi d'vn Cercle fait autour
du Centre de l'Equateur,de la grandeur qu'il
vous plaira, pareil, fi vous voulez, à Noftre
Cercle gradué, pour y prendre, & en tranf-
porter plus promptement les diuifions requifes.

§. 2. *Pour faire fur les Plans, les Ca-drans Horizontaus en particulier.*

LE Cadran Horizontal fe fait fur vn Plan
Parallele à l'Horizon, qui de toutes parts
également regarde le Zenith ou point Vertical. Pour le faire nous pourrions commencer
par le ftyle droit, couché fur la fubftylaire ;
pour appliquer fur fa pointe le Centre de
Noftre Carré des Cadrans, & en trouuer le
Centre du Cadran Horizontal , auec le
Rayon de l'Equateur & l'Equinoxiale, fur
laquelle nous marquerions les poins des heures qui fe tireroient du Centre. Mais à mon
aduis nous aurons pluftoft & mieux fait
comme ie vais dire *dans la* 10. *Figure.*

1. Au milieu du Plan faites la Meridiene
A B 12. qui doit feruir de fubftylaire : & fi le
Plan eft autant ou plus grand que le Carré
des Cadrans, faites-y C 12. D. le plus bas que
vous pourrez Perpendiculaire à la Meridiene
A B 12 : mais fi le Plan eft plus petit, faites
cette Perpendiculaire C 12. D enuiron d'vn

pouce & demy feulement au deſſous du point
milieu du Plan. Puis vn peu au deſſus de ce
point milieu, comme en 1. ſur la Merid. A B,
arreſtez ou piquez le Centre du Carré & ſa
ligne du milieu M. 12. ſur ladite Meridiene
A B 12. & du Centre du Carré bandez vn filet de part & d'autre de 15. en 15. deg. pour
les heures, de 7. deg. & demy pour les demies ; dont chaque fois au rencontre du filet
ſur la Perpendiculaire C 12 D vous en marquerez les poins, comme de 3. 2. 1. 12. 11. 10.
9. heur. & de plus le point C ſur la meſme ligne au rencontre du filet bandé ſur le degré
du Complement du Pole, cóme ſur 41. Complement de 49. degrez, ſi le Pole eſt éleué de
49. deg. ſur l'Horizon, au lieu pour lequel
vous ferez le Cadran Horizontal.

2. Aprés cela eſtendez le Compas depuis
le point C iuſques au point 1. Centre du Carré, & le portez ſur la Meridiene A B 12. depuis la Section 12. iuſques au point A. en ayát
auparauant retiré le Carré. Puis ſur A qui
ſera le Centre du Cadran, tirez 6 A 6. la ligne
de 6 heures Perpendiculaire à la Meridiene
A B. Aprés ſur la ligne C D depuis la Section
12. iuſques au point de 3. ou 9. heures, eſtendez le Compas, & le portez ſur 6 A 6 de part
& d'autre de A en a, & e ; pour tirer les
deux lignes 3 a, 9 e. Portez encore la diſtance 3 a, de a en b, & de e en d; pour coucher

le Centre du Carté fur b, auec fa ligne O O fur 6 A 6. & marquer les poins des autres heures fur 3 a de part & d'autre du point a, au rencontre du filet bandé du Centre du Carré fur 75. deg. pour 5. & 7. heur. fur 60. pour 4 & 8. heur. fur 82. & demy, fur 67. & demy, fur 52. & demy pour les demies entre-deux. Faites auffi de mefme du point d fur 9 e, ou bien auec le Compas feulement tranf-portez tous les poins marquez, de a 3. en e 9.

3. Ayant fait vn petit rond autour du Cen-tre A, tirez toutes les lignes du Cadran le long de la Regle couchée toufiours fur le Centre A, & fur chaque point marqué fur les lignes C D , 3a, 9 e: marquant aprés les heu-res du matin à droite, celles du foir à gauche, comme vous les voyez. Cela fait, couchez le Centre du Carré fur A le Centre du Cadran, la ligne M 12. fur A B 12, & du Centre ban-dez le filet fur le degré du Pole fur l'Horizon comme fur 49 ; pour marquer au rencontre fur C D le point p, & tirer aprés legerement la ligne Polaire ou l'Axe A p Puis fur A p. ayant choifi vn point conuenable comme o, pour la pointe du ftyle droit S o proportioné au Cadran, fi vous y voulez auffi marquer les Arcs ; couchez vn angle droit du Carré fur o, vn cofté fur A , & au rencontre de l'autre co-fté fur A B marquez B ; pour tirer l'Equino-xiale E B.

4. En fin ayant fait vn ſtyle triangulaire de
fer ou de cuivre delié, pareil à A o S, auec vn
petit tenon pour l'enfoncer dans vne petite
fente ſur A B; dreſſez-le & l'arreſtez bien
droit ſur la Meridiene A B. Mais ſi vous n'a-
uez les Arcs au Cadran, il ſera plus à propos
d'y faire vn ſtyle triangulaire plus long, comme de 2. à 3. pouces. Ainſi voſtre Cadran
eſtant paracheué, s'il eſt ſur vn Plan mobile,
vous le dreſſerez & arreſterez de Niueau,
comme nous auons dit en la Page 46. en lieu
bien expoſé au Soleil, comme ſur vn Poteau,
au milieu d'vne Cour ou d'vn Iardin: pour y
voir les heures marquées par toute l'ombre
de l'Axe A o.

§. 3. Pour faire ſur les Plans, les Cadrans Verticaus.

LEs Cadrans Verticaus s'appellent ainſi,
parce qu'ils ſe font ſur vn Plan Parallele
au Cercle Vertical principal, à plom ſur l'Horizon; & regardant droit le Midy, s'ils ſont
Meridionaus, ou le Septentrion, s'ils ſont
Septentrionaus. Pour les faire, nous pourrions auſſi commencer par le ſtyle droit, comme nous diſions de l'Horizontal: mais il vaut
mieux faire côme s'enſuit dans la Fig. 11. pour
vn Vertical Meridional, & à proportion
dans la 12. Figure pour le Vertical Septentrio-
D iiij

nal, dont les poins se trouuent sur les Perpendiculaires 3 a. 9 c.

1. Au milieu du Plan preparé faites à plom la Meridiene, ou la substylaire A B 12. auec sa Perpendiculaire C. 12. D tout au bas. Et par ce que ces Cadrans ne peuuent auoir plus de 12. heures, depuis 6. du matin, iusques à six heures du soir ; & que leur Plan est d'ordinaire assez grand : commencez par le Centre A, pris au haut de la ligne Meridiene ou du Midy pour les Meridionaus plus bas sur la ligne de Minuit pour les Septentrionaus ; & sur A tirez la ligne de 6. heures 6 A 6 Perpendiculaire à la Meridiene A B 12. Puis couchez le centre du Carré sur A le centre du Cadran, & la ligne du milieu M 12. sur la Meridiene A B ; du centre bandez le filet sur le degré du Complement du Pole, comme sur 41. au rencontre sur C D marquez c ; & tirez legerement la ligne Polaire ou l'Axe A c.

2. Aprés cela, au point 12. (par l'angle droit du Carré, si vous voulez) faites 12. p. Perpendiculaire à l'axe A c, ou bien couchez encore le centre du Carré sur la Section 12. au bas de la Meridiene, & la ligne M 12. sur 12. B A ; bandez le filet vers l'Axe c A sur le degré du Pole, comme sur 49. Au rencontre sur l'Axe c A marquez p. & portez la distance 12 p. (comme le Rayon de l'Equateur) de 12. sur CD au point 3. & 9. & sur la Meridiene 12.

B A au point 1. Couchez en suite le centre du
Carré sur 1. & sa ligne du milieu M 12. sur 1.
B12. De ce point 1. (comme du centre de l'E-
quateur) bandez le filet de part & d'autre de
la Meridiene comme pour l'Horizontal , de
15. en 15. deg. pour les heures , de 7. deg. &
demy pour les demies ; & au rencontre sur la
ligne C D (comme sur l'Equinoxiale) marquez autant de poins, comme 9. 10. 11. 12.
1. 2. 3.

3.   Cela fait, sur la ligne C D depuis la Section 12. estendez le Compas iusque au point
3. ou 9. & le portez sur la ligne de 6. heures
6 A 6. de part & d'autre du centre A en a & e:
pour tirer 9 a , 3 e. Portez aussi la distance 9 a,
de a en b, & de e en d ; pour coucher le centre
du Carré sur b, sa ligne O O sur 6 A 6. &
marquer les poins des autres heures sur 9 a
en bas pour le Meridional, de part & d'autre
pour le Septentrional, au rencontre du filet
bandé du centre du Carré sur 75. deg. pour
5. & 7. heures sur 60. pour 4. & 8. h. sur 82.
& demy , sur 67. & demy , sur 52. & demy
pour les demies entre deux. Faites encore
de mesme du point d sur la ligne 3 e, ou bien
auec le Compas seulement transportez tous
les poins de a 9, en e 3. comme pour l'Horizontal. Puis ayant fait vn petit rond autour
du centre A , tirez toutes les lignez par A &
par leurs propres poins , terminées au petit

rond; comme vous voyez *dans les Figures.*

4. En fin fur l'Axe A p c ayant choifi vn point conuenable, comme o pour la pointe du ftyle droit S o, felon la grandeur du Cadran; couchez vn angle droit du Carré fur o, vn cofté fur A, & au rencontre de l'autre cofté fur A B, marquez B pour l'Equinoxial E B. Aprés cela faites vn ftile tout plein ou de fil de fer, fi vous voulez, pareil au voftre proportioné A o S; ou bien encore plus grand, comme de 2. pieds de l'Axe, fi les Arcs n'y font pas : & dreffez ce ftyle bien droit fur A B 12, de A en bas pour les Meridionaus, en haut pour les *Septentrionaus* ; comme vous les voyez *dans les Figures* 11.'12. Ainfi voftre Cadran eftant paracheué ; s'il eft fur vn Plan mobile, dreffez-le & l'areftez de plom tourné droit au Midy, s'il eft Meridional, droit au Septentrion, s'il eft Septentrional ; comme nous auons dit *dans la Page* 47. en lieu bien exposé au Soleil, comme vne Muraille : pour y voir en fon temps les heures marquées, par toute l'ombre de l'Axe A o.

VII. VSAGE.

Pour faire fur les Plans, les Cadrans Equinoxiaus, Polaires, & Meridiens ; par le Carré des Cadrans.

IE mets icy fous vn mefme tiltre ces trois fortes de Cadrans, tant par ce que la declaration n'en doit pas eftre bien longue; comme auffi par ce que chacun en fon efpece fe fait de mefme façon par tout , & leur ftyle eſt toufiours vne pointe droite. Ils fe font fans peine & plus promptement que les autres par Noſtre Cadran ou Carré des Cadrans, comme vous allez voir.

§. I. *Pour faire fur les Plans, les Cadrans Equinoxiaus.*

NOus les nommons Equinoxiaus, parce qu'ils fe font fur vn Plan Parallele à l'Equateur ou Cercle Equinoxial. En la Sphere oblique comme la Noſtre, il y en a deux. 1. L'Equinoxial *fuperieur*, tourné vers le Pole fuperieur droit au Septentrion, & penchant en terre, depuis le Zenith ou point Vertical vers le Midy, d'autāt de degrez qu'il y en a de Latitude entre le Zenith & l'Equa-

teur, comme de 49. deg. au lieu où le Pole eſt
éleué de 49. deg. ſur l'Horizon : Il ne ſert que
depuis le 21. Mars, iuſques au 23. Septembre,
& a autant d'heures que le plus long iour
d'Eſté. 2. l'Equinoxial *inferieur*, tourné vers
le Pole inferieur droit au Midy, & penchant
en terre, depuis le Zenit pareillement vers
le Midy, d'autant de deg. qu'il y en a de Latitude entre le Zenith & l'Equateur, comme
de 49. degrez. Il ſert tout l'Hyuer, depuis le
23. Septembre, iuſques au 21. Mars, & ne peut
auoir que 12. heures, depuis 6. heures du matin, iuſques à 6. heures du ſoir. Pour les faire
par Noſtre Carré, voyez *les Figures* 13. 14. &
gardez ce qui ſuit.

1. Sur le milieu du Plan preparé, tirez
deux lignes en angle droit, celle de Midy à
plom, celle de 6. heures en trauers ; & de la
Section des deux, qui ſera le centre du Cadran; faites vn Cercle de deux pouces tout au
plus, en ſon Demi-diametre, ſi le Plan eſt plus
petit que Noſtre Carré ; mais le plus grand
que vous pourrez ſur les bords, s'il eſt plus
eſtendu que le Carré. Puis ſur la meſme Section S. couchez le centre du Carré, M 12. ſur
la ligne de Midy, O O ſur celle de 6. heures :
du centre S, de part & d'autre de la ligne de
Midy, bandez le filet de 15. en 15. degrez pour
les heures, de 7. deg. & demy pour les demies;
& au rencontre ſur le Cercle fait marquez

autant de poins, qu'il en faut pour le Cadran.

2. Aprés cela, faites vn petit rond autour du centre S. & tirez toutes les lignes des heures requifes, toufiours par le centre S, & par leurs propres poins, terminées au petit rond ; celles du matin à droite, celles du foir à gauche, pour l'Equinoxial fuperieur ; tout au contraire pour l'inferieur, comme vous voyez *dans les Figures.*

3. Cela fait, plantez le ftyle S o en pointe droit fur le centre, & long à difcretion, comme de la 4. ou 5. partie de la largeur du Plan, fi les Arcs n'y font pas : mais determiné comme de la 12. partie de ladite largeur, fi les Arcs y font, ainfi que nous verrons en fon lieu. En fin le Cadran eftant paracheué, s'il eft mobile, dreffez-le à fa hauteur, conuenable à la Latitude du lieu ; & le tournez droit au Septentrion s'il eft fuperieur, au Midy s'il eft inferieur ; & l'arreftez ainfi, comme nous auons dit *en la Page* 47. pour y voir les heures marquées par toute l'ombre du ftyle droit S o (qui reprefente l'Axe du monde) auec les autres particularitez au bout feulement de ladite ombre.

§. 2. *Pour faire sur les Plans, les Ca-*
drans Polaires.

ILs s'appellent ainsi, parce qu'ils se font sur
vn Plan Parallele au Cercle de 6. heures,
dont la surface d'vn Pole à l'autre est aussi Parallele à la ligne Polaire ou Axe du monde,
coupe l'Equateur ou le Cercle Equinoxial
Perpendiculairement. En suite dequoy ces
Cadrans n'on point de lignes de 6. heures, ny
de centre ; les lignes des autres heures estans
toutes Paralleles à la Meridiene , comme à
l'Axe du monde ; & Perpendiculaires à l'E-
quinoxiale qu'elles coupent de 15. en 15. degrez. En la Sphere oblique, il y en a deux.
1. Le Polaire *superieur*, seruant toute l'année,
depuis 6.heures du matin, iusques à 6. heures
du soir, regardant droit le Midy ; & releué
vers le Septentrion sur l'Horizon, d'autant de
degrez que le Pole, comme de 49. degrez.
2. Le Polaire *inferieur*, seruant en Esté seulement, depuis le leuer du Soleil, iusques à 6.
heures du matin ; & depuis 6. heures du soir,
iusques au coucher du plus long iour ; regardant droit le Septentrion ; & courbé en terre
pareillement d'autant de degrez que le Pole.
Pour les faire par le Carré des Cadrans,
Voyez *la Figure* 15. & faites comme s'ensuit.

1. Au milieu du Plan preparé (qui doit eftre deux ou trois fois plus large que haut) tirez deux lignes en angle droit ; o S 12 la Meridiene à plom, E S E l'Equinoxial en trauers, auec e e, e e, deux Paralleles en haut & en bas. Puis du point S fur la Meridiene o S 12 marquez S o la longueur du ftyle droit, comme de la 8. ou 10. partie de toute la largeur du Plan.

2. Aprés cela, fur o la pointe du ftyle, couchez le centre du Carré, auec fa ligne M 12 fur la Meridiene o S 12. & du centre ou point o de part & d'autre de la ligne M 12. bandez le filet de 15. en 15. deg. pour les heures, de 7. deg. & demy pour les demies, marquant au rencontre fur l'Equinoxial E S E les poins qu'il faudra pour le Cadran ; comme 1. 11. 2. 10. 3. 9. 4. 8. 5. 7. marquez en haut pour le Polaire fuperieur ; & 4. 8. 5. 7. marquez en bas, laiffant les autres inutiles pour le Polaire inferieur. Et vous fouuenez icy que vous pourrez vous feruir d'vn Cercle fait autour du point o, & diuisé depuis la Meridiene de 15. en 15. deg. au lieu du Carré, s'il vous eft plus commode, comme nous auons dit *dans la page* 51.

3. Cela fait, de l'Equinoxial E S E depuis S vers E d'vn cofté feulement, prenez tous les poins requis auec le Compas, que vous porterez chaque fois fur deux Paralleles, e e, e e,

de part & d'autre, depuis le point 12. : & tirez
en suite par chaques trois poins correspondans les lignes des heures requises toutes
Paralleles à la Meridiene, comme vous voiez.
Puis plantez le style en pointe, pareil à S o,
droit sur le Plan au point S, & la pointe o de
ce style, ou bien vn Axe à la hauteur de o
Parallèle à la Meridiene, vous marquera
les heures par son ombre sur le le Plan releué
sur l'Horizon d'autant de degrez que le Pole.
& tourné au midy, s'il est superieur, ou
droit au Septentrion, s'il est inferieur ; faisant
pour cela, ce que nous auons dit *en la Page* 47.
si le Plan est mobile,

§.3. *Pour faire sur les Plans, les Cadrans Meridiens.*

CEs Cadrans se nomment ainsi, par ce
qu'ils se font sur vn Plan Parallele au
Cercle Meridien, tousiours Perpendiculaire
à l'Horizon. Ils ont beaucoup de rapport auec
les Polaires, en leur construction ; aussi n'ont-
ils pas de Centre, ny de ligne de Midy estant
Parallele au Meridien : mais ils ont la ligne
de 6. heures, à laquelle comme à l'Axe du
monde, les autres lignes sont Paralleles, &
Perpendiculaires à l'Equinoxial qu'elles
coupent tousiours de 15. en 15. degrez. En la
Sphere oblique il y en a deux, qui seruent par
tout

tout & en tout temps. 1. Le Meridien *Orien-*
tal, tourné droit à l'Orient, pour les heures
du matin. 2. *l'Occidental* , tourné droit à
l'Occident pour les heures du soir. Pour les
faire par le Carré des Cadrans, faites ce qui
s'enfuit ; côme dans *la 2. Planche Fig.* 16. faite
pour l'Oriental telle que vous la voyez, auec
les heures marquées en bas , & pour l'Occidental telle qu'elle peut paroiftre au reuers
du papier , auec les heures marquées en haut.

1. Sur le haut du Plan prefque Carré, tirez legerement l'Horizontal S H fur laquelle ayant choifi vn point commode, comme S pour le lieu du ftyle droit, à gauche pour
l'Oriental, à droite pour l'Occidental, vous y
coucherez le Centre du Carré des Cadrans,
fa ligne M. 12 à plom & en bas , fon diametre
O O fur l'Horizontal S H. Du point S ou
du centre bandez le filet fur le degré de Latitude, comme fur 49. conté depuis la ligne S
12. de haut en bas vers la gauche, & depuis M
12. de bas en haut vers la droite, pour l'Oriental ; ou bien depuis S 12. de haut en bas vers la
droite , & depuis M 12. de bas en haut vers la
gauche pour l'Occidental ; & au rencontre du
filet fur les bords du Plan marquez deux
poins en haut & en bas ; pour tirer la ligne
Equinoxiale E S, auec les Paralleles e e. e e, &
la Perpendiculaire 6 S 6 fur S pour la ligne de
6. heures.

E

2. Aprés cela, du point S fur S 6. marquez S o la longueur du ſtyle droit, determiné comme de la 5. ou 6. partie de la largeur du Cadran. Sur o couchez le centre du Carré, ſa ligne M 12. fur S 6. De part & d'autre, du point o bandez le filet de 15. en 15. deg. pour les heures, de 7. deg & demy pour les demies ; & au rencontre fur l'Equinoxiale E S marquez autant de poins qu'il en faudra ; comme 4. 5. 6. 7. 8. 9. 10 11. pour l'Oriental ; 1 2. 3. 4. 5. 6. 7. 8. pour l'Occidental. Au lieu du Carré des Cadrans, vous ſeruant d'vn Cercle fait autour du point o, & diuiſé de 15. en 15 deg. comme nous auons dit pour les Polaires.

3. Cela fait, de l'Equinoxiale E S depuis S en bas, prenez tous les poins requis auec le Compas, que vous porterez chaque fois fur les Paralleles e, e ; de part & d'autre, depuis le point 6. & tirez en ſuitte par chaques deux poins correſpondans, les lignes des heures requiſes toutes paralleles à la ligne de 6. heures, comme vous voyez. Puis plantez le ſtyle en pointe pareil à S o, droit fur le Plan au point S ; & la pointe o de ce ſtyle, ou bien l'Axe fur o Parallele à 6. heur. vous marquera les heures par ſon ombre , fur le Plan dreſſé à plom fur l'Horizon, & tourné droit à l'Orient s'il eſt Oriental, ou droit à l'Occident s'il eſt Occidental ; ce que vous pourrez connoiſtre & faire par les remarques *de la Page* 42. & 47.

VIII. VSAGE.

Pour faire fur les Plans, les Cadrans Verticaus Declinans, mefme fans Centre; par le Carré des Cadrans.

IE ne diray rien icy des autres Cadrans irreguliers, me contentant de ce que nous en auons dit *dans noftre Horographie* Curieufe & Ingenieufe. Ie parle feulement des Verticaus Declinans, qui font plus communs & ordinaires; & s'appelent ainfi, parce qu'ils fe font fur vn Plan de Plom fur l'Horizon, comme fur vne Muraille, & Parallele à quelque Cercle Vertical *Declinant du premier Vertical* de chaque lieu. Il y en a de deux fortes, generalement parlant. Les vns Declinans du Midy, vers Orient ou vers Occident : Les autres Declinans du Septentrion, pareillement vers Orient ou vers Occident. Ils ont tous vn ftyle droit ou triangulaire, fur la ligne fubftylaire, & vn centre au deffus de l'Horizontal fur la ligne de Midy, s'ils declinent du Midy; ou au deffous de l'Horizontale, s'ils declinent du Septentrion. Ils ne peuuent auoir plus de douze heures, & fouuent moins; fçauoir fix feulement au deçà, & fix au delà de la fubftylaire, fi le Plan en peut autant

contenir au deſſous de l'Horizontal , & s'il
en eſt beſoin de tant entre le Soleil Leuant &
Couchant du plus long iour. Pour les faire
par Noſtre Carré des Cadrans , Voyez *la Fi-*
gure 17. *& 18. de la* 1. *Planche* , & obſeruez ce
qui s'enſuit.

§. 1. *Pour trouuer les Poins & les Lignes*
plus remarquables , des Verticaus
Declinans.

PVifque l'induſtrie pour faire les Cadrans
Verticaus Declinans, dépend de ces poins
& de ces lignes plus remarquables ; Il eſt à
propos de les reconnoiſtre *dans la* 17. *Figure* ;
Les poins ſont ſix en tout. 1. Le point du lieu
du ſtyle droit, comme S. 2. Le point de la Declinaiſon du Plan , comme D. 3. Le point du
Complement de la Declinaiſon , comme C.
4. Le centre du Cadran, comme A. 5. La Section de l'Equinoxial ſur la Meridiene , comme B. 6. Le Centre de l'Equateur , comme E.
Les lignes ſont encore ſix 1. L'Horizontale,
comme C S D. 2. La Meridiene côme A D B,
qui ſera la ligne de Midy aux Declinans du
Midy , & la ligne de Minuit aux Declinans du
Septentrion 3 L'Equinoxial, comme C e B,
4. La ſubſtylaire , comme A S E. 5. Le Rayon
de l'Equateur, comme o e. 6. La ligne Polaire ou l'Axe , comme A o p. Trouuons les

maintenant fur le Plan Declinant, par le Carré des Cadrans.

1. Par le §. 2 du IV. Vfage, ou autrement, la Declinaifon du Plan eftant reconnuë, comme de 30. degrez du Midy vers Orient ; & le premier point du lieu du ftyle droit eftant choifi, comme S fur la Muraille proposée, couchez y vne longue Regle, auec le cofté A B, ou le haut du Carré tout ioignant au deffous ; tournez les deux enfemble, iufques à ce que le filet pendant auec fon plom du centre du Carré, foit iuftement fur la ligne M 12. & tirez le long de la Regle la premiere ligne ou l'Horizontale C S D, auec la Verticale, à plom fur S, comme S *a* de la longueur du ftyle droit, determinée comme de la 8. ou 9. partie de la largeur du Cadran. Puis fur *a* la pointe du ftyle piquez le centre du Carré ; fur *a* S la ligne M 12. fi la Declinaifon eft du Midy, ou bien S 12. fi elle eft du Septentrion. En fuite du point *a* d'vne part, bandez le filet fur le degré de la Declinaifon (comme icy fur 30. vers la droite) toufiours conté depuis M ou S. en fon quart particulier ; vers la droite fi la Declinaifon eft du Midy vers Orient, ou du Septentrion vers Occident ; vers la gauche fi elle eft du Midy vers Occident, ou du Septentrion vers Orient. Et au rencontre fur l'Horizontale C S D, marquez D le point de la Meridiene A D B qui fe fait toufiours à

E iij

plom fur C S D. Pareillement du point a de
l'autre part, bandez le filet fur le Compleméc
de la Declinaifon (comme icy fur 60. vers la
gauche) toufiours conté depuis M ou S au
quart . opposé : & au rencontre encore fur
l'Horizontal C S D , marquez C le point de
6. heures , qui fe tire du Centre.

2. Aprés cela , prenez la diftance D a, &la
portez de D fur l'Horizontal en H. fur ce
point H couchez le Centre du Carré , fa ligne M 12 fur l'Horizontale; & de fon Centre
bandez le filet vers la Meridiene A D B , en
haut fur le degré de l'Eleuation du Pole fur
l'Horizon , marquant au rencontre le point A
qui fera le Centre du Cadran Declinant du
Midy ; en bas fur le degré de l'Equateur ou du
Complement du Pole marquant B la Section
de l'Equinoxiale fur la Meridiene , pareillement du Declinant du Midy : faifant le contraire pour les Declinans du Septentrion, qui
ont leur centre en bas, & la Section de l'Equinoxiale en haut.

3. Cela fait, de C par B tirez B C l'Equinoxiale ; & de A le Centre du Cadran fi vous
l'auez par S, ou du point S auec l'Angle droit
du Carré, faites A S E la fubftylaire toufiours
Perpendiculaire à l'Equinoxial C E B. Ou
bien encore ayant fait la fubftylaire A S E , de
C fi vous l'auez, ou de B feulement, faites BC
l'Equinoxiale auec l'angle droit du Carré

Perpendiculaire à la ſubſtylaire. Couchez en
ſuite l'angle droit du Carré ſur S, vn coſté ſur
S e, pour faire par l'autre coſté du Carré, la
Perpendiculaire S o égale à la longueur du
ſtyle droit S a ; ou bien marquez ſeulement le
point o Faites auſſi, ſi vous voulez, le Rayon
de l'Equateur o e ; auec l'Axe A o p, de A ſi
vous l'auez par o, ou par vn coſté du Carré,
ſon Angle eſtant couché ſur o, & l'autre coſté
ſur o e. Enfin portez e o le Rayon de l'Equateur ſur la ſubſtylaire A S E, du point e en E
en haut ou en bas ; & y marquez E le Centre
de l'Equateur.

§. 2. *Pour trouuer les poins des heures,*
& pour en tirer les lignes du Centre
des Verticaus Declinans.

LEs poins des heures ſe doiuent marquer
tant qu'on peut commodément ſur l'E-
quinoxiale C e B ; & à ſon defaut ſur quelques
autres lignes Paralleles à la ligne de 6. heures,
ou à la Meridiene ; comme ie vais dire, *dans la*
meſme 17 Figure.

1. *Pour trouuer les poins des heures, ſur l'E-*
quinoxiale C e B ; couchez le centre du Carré
ſur E le centre de l'Equateur, de ce point E
bandez vn long filet d'vne part ſur B la Section de l'Equinoxiale en la Meridiene, y ajuſtant la ligne du milieu M 12 ſous ce filet ;

E iiij

d'autre part bandez encore le filet fur C le
point de 6. heures en l'Horizontal, y aju-
ftant auffi le Demi-diametre O : & arreftez
ainfi le Carré fur le Plan, auec vne ou deux
Epingles, fi vous voulez. Puis de part & d'autre de la ligne M 12, de 15. en 15. deg. pour les
heures, de 7. deg. & demy pour les demies,
bandez le long filet, & au recontre fur l'E-
quinoxial C B marquez autant de poins que
vous pourrez, iuftement au milieu de la ligne
& du filet : Pour tirer aprés au centre du Cadran, les lignes des heures par tous ces poins
marquez.

2. *Pour les poins trop éloignez des autres*
heures, qui vous manqueroient du cofté du ftyle
vers 6. heures ; Faites ainfi. 1. Si c'eft le point
mefme de 6. heures, que vous n'auriez peu
trouuer fur l'Horizontal, comme feroit C,
quand la Declinaifon du Plan eft petite. Du
mefme cofté que ce point vous manqueroit,
choififfez deux lignes cômodes de deux heures également diftantes de 6, commé de 2. &
10. de 3. & 9. l'vne déja tirée comme 9. l'autre
que vous produirez au delà du centre, comme
3. Puis fur vn filet pendant à plom de l'vne
à l'autre, comme e b, ou C F, prenez-en le milieu, côme 1 ou C, par lequel du cêtre A vous
ferez A 1 C la ligne requife de 6. heures. II. Si
les poins de quelques autres heures vous
manquoient au delà de 6. heures, comme de

5. & 4. fur vn filet pendant aussi à plom sur la
ligne tirée de 6. heures, comme encore sur
C F, de C la Section de 6. heures, estendant le
Compas en la Section des heures tirées, côme de 7. & 8. heures d'vn costé-& le tournant
de l'autre fur le mesme filet, vous aurez les
poins requis des heures également distantes
de 6. heures, comme de 5. & 4. heures.

3. *Pour les autres poins des heures, qui vous*
marqueroient encore de l'autre costé plus éloi-
gné du style. De part & d'autre faites pendre deux filets à plom également distans de la
Meridiene; comme C F, C F, & ayant recônu
de combien en cét autre costé C F la derniere
ligne tirée comme 3. heur. feroit éloignée de
6. heur. posez vn pied du Compas sur le filet
pendant de l'autre costé C F, en la Section de
l'heure également distante, comme en celle
de 9. heur. estendant l'autre pied vers 6. heur.
en la Section des autres heures (pareillement
autant distantes que celles qui vous manqueroient) côme de 8. heur. & portez chaque fois
cét espace fur l'autre filet pendant C F, depuis
la Section de la derniere ligne tirée, comme
depuis 3. heures pareillement vers 6. heures,
pour marquer les poins des heures requises,
comme de 4. h. Ou bien à discretion tirez legerement D F Parallele à la ligne de 6. heures,
prenant aprés l'espace depuis D la Section de
la Meridiene, iusques à la Section des heure,

tirées en vn cofté, comme de 8. heures, & le
portant du mefme point D en l'autre cofté, y
marquant auffi les poins requis des heures
également diftantes de la Meridiene, comme
le point de 4. heures. Ainfi des autres. En
fuitte dequoy vous tirerez par tous ces poins
marquez, & par le Centre A les lignes requifes : & planterez le ftyle S o droit fur S, ou
bien A S o le ftyle triangulaire droit fur A S.

§. 3. *Pour faire fur les Plans, les Verti-*
caus Declinans, fans le Centre
des heures, auec vne Remar-
que generale.

IE trouue deux façons bien- aisées , pour
faire ces Cadrans fans Centre, non feulement fur les Murailles ; mais encore ailleurs
fur des petits Plans & d'vne mediocre grandeur. 1. Par le moyen d'vn Patron; 2. Sans Patron. Comme ie vais monftrer, auec vne Remarque generale.

    1. *Pour la premiere façon.* Par les Indu-
ftries precedentes, ayant fait le Patron du
Cadran auec vn centre, fur le papier ou fur
le Carton ; comme la fufdite *Figure* 17. Faites-
y vn Carré, depuis l'Horizontale en bas, comme r f, t u pareil à celuy du Plan, fi vous pouuez (comme *en la* 18. *Fig.*) ou proportioné
comme de la 12. partie, plus petit que le plus

grand Carré, qui feroit aux bords d'vn Plan
proposé 12. fois plus grand. Ainfi ayant determiné de faire fur la muraille, vn Cadran
douze fois plus grand que celuy du Patron,
enfermé dans le petit Carré r f, t u. De r vers
f, de f vers t, de t vers u, & de u vers r ; vous
prendrez auec le Compas tous les efpaces
d'vne ligne à l'autre, comme de r en C de C
en S, de S en D, de D en f ; ainfi des autres
poins, chacun defquels par ordre vous multiplierez douze fois fur le bord d'vne longue
Regle. Pour les porter chaque fois au Carré
du Plan douze fois plus grand, couchant ce
bord de Regle aues fes poins fur les lignes
correfpondantes, & y marquât vis à vis d'autres poins d'vn bout à l'autre : par lefquels
vous tirerez les lignes neceffaires femblables
à celle du Patron. Et en fuite vous planterez
vn ftyle droit fur fon point marqué S ; qui fera pareillement felon la mefme proportion,
comme douze fois plus grand que S o du Patron, qui feroient douze fois plus petit.

2. *Pour la 2. façon.* Aprés auoir tiré fur la
Muraille ou fur le Plan preparé, toutes les
lignes principales & plus remarquables, côme nous auons dit cy deuant ; telles que
font (*en la 18. Figure*) l'Horizontal C S D, la
Meridiene D B, l'Equinoxiale C e B, la fubftylaire S E du point S Perpendiculaire à l'E-
quinoxiale, la longueur S o du ftyle droit au

point S Perpendiculaire à la fubftylaire, auec le Rayon de l'Equateur o e, & l'Axe o p du point o Perpendiculaire au Rayon o e. Ayant auffi tranfporté o e du point e en E fur la fub-ftylaire ; & du point E centre de l'Equateur les poins des heures eftans marquez fur l'E-quinoxiale C B, au rencontre du filet bandé du Centre du Carré fur les degrez requis. D'vn autre point pris à difcretion fur la fub-ftylaire faites legerement en angle droit vn 2. ftyle terminé à l'Axe o p, vn 2. Rayon Perpen-diculaire à l'Axe iufques à la fubftylaire, vne 2. Equinoxiale Perpendiculaire à la fubftylai-re ; tranfportez ce 2. Rayon fur la fubftylaire pour vn 2. centre de l'Equateur. Sur ce 2. centre couchez le Centre du Carré, fon filet ajufté à la ligne M 12 bandé fur la Section de la 2. Equinoxiale & de la Meridiene D B. & le Carré eftant ainfi arrefté fur le Plan, de part & d'autre de la ligne M 12 bandez le filet de 15. en 15. deg. pour les heures, de 7. deg. & demy pour les demies, marquant au rencontre fur la 2. Equinoxiale autant de poins que vous pourrez. Puis par les poins de chaque heure marquez-en la 1. & 2. Equinoxiale, tirez les lignes Horaires depuis l'Horizontale C D en bas : & faites pendre deux autres ploms éga-lement diftans & Paralleles des deux prece-dens C F, C F ; ou bien faites vne autre Paral-lele à la ligne D F : Pour y trouuer d'autres

poins comme cy-deuant *en la Page* 73. &
pour en tirer aussi les lignes des heures plus
éloignées, par les poins correspondans marquez de mesme costé sur les deux Ploms ou
sur les deux Paralleles. Le tout pour vne seconde fois, à proportion de la premiere exe-
cutée *dans la Figure* 18. où i'ay obmis cette
autre seconde, de peur de confusion.

3. *Pour la Remarque generale*, Prenez garde
à deux ou trois choses. I. Au lieu du Carré,
seruez-vous d'vn Cercle pareil au Nostre
gradué, par tout où il vous sera plus commode, comme nous auons dit *en la Page* 52. &
comme il peut arriuer particulierement sur
les petis Plans, ausquels vous pourrez encore
vous seruir des lignes Perpédiculaires, au lieu
de Ploms. II. Aux Cadrans sans centre, comme aux autres qui en ont vn; seruez vous
d'vn style en pointe pareil à celuy qui se trouue sur la premiere & vray Horizontal du
Cadran, comme S o, & le plantez droit sur S,
pour connoistre les heures à l'ombre de sa
pointe o seulement. Ou bien encore seruez-
vous d'vn Axe comme A o, s'il y a vn centre,
ou comme o p s'il n'y a point de Centre; & le
plantez droit sur la substylaire A S, ou S e,
auec vn ou deux appuis : pour connoistre les
heures sur le Plan par l'ombre de toute l'Axe
A o, o p; & les Arcs ou autre particularitez
par celle de la pointe o, comme nous auons

dit *en la Page* 44. III. Enfin aprés auoir fait &
peint tout le Cadran, comme vous le defirez
fur le Plan proposé; effacez-en toutes les lignes fuperfluës, comme les figures du ftyle
S a, S o, l'Axe o p, le Rayon o e; la 2 Equinoxiale, & autres femblables, s'il y en a d'inutiles.

IX. VSAGE.

Pour tracer les Paralleles du Soleil, fur
toutes fortes de Plans ; par le
Carré des Cadrans.

PAr les Paralleles du Soleil, que l'on
peut tracer fur les Plans des Cadrans;
nous entendons icy certaines lignes,
dont la principale qui reprefente l'Equateur,
eft toufiours droite au milieu des autres ; &
ces autres font toufiours courbes qui repre-
fentent quelques Cercles principaus Paralleles à l'Equateur, aufquels le Soleil fe trouue
en certain temps. Il y en a de deux fortes en
general ; les vns s'appellent les Paralleles ou
les Arcs des fignes, qui font 12. en tout, reprefentez par 7. lignes feulement. Les autres fe-
nomment les Paralleles & Arcs Diurnes ou
de la longueur des iours qui contienent certain nombre d'heures, reprefentez auffi par

quelques lignes ; comme nous verrons dans
les Figures Pour les faire promptement par
Noſtre Carré des Cadrans, il faut ſuppoſer
trois ou quatre choſes. 1. Vn ſtyle ou vne
pointe d'vne hauteur proportionnée àla grandeur du Plan des Cadrans. 2. Les lignes horaires legerement tirées ſur le Plan. 3. Les
poins des heures & des demies marquez ſur
la ligne Equinoxiale. 4. La Declinaiſon de
chacun de ces Paralleles, reconnuë par la 1. &
2. Table. Voyons-en la Pratique dans la
ſuite.

§. 2. *Pour tracer les Paralleles du Soleil*
ſur les Plans des Cadrans Re-
guliers, en general.

NOus auons icy trois choſes principales
à faire. La 1 generale & cômune à tous
ces Cadrans, eſt de trouuer ſur la ſubſtylaire
les poins requis de la Declinaiſon des Paralleles du Soleil. La 2. auſſi commune à tous,
excepté l'Horizontal, eſt la ligne Horizontale
ſur chaque Plan. La 3 (en ſuite au §. 3.)enco-
re commune à tous, excepté l'Equinoxial, eſt
de marquer les poins particuliers des Paralleles ſur chaque ligne horaire, pour en former les Arcs. En voicy l'Induſtrie par Noſtre
Carré des Cadrans, comme ie vais monſtrer
dans les Figures de la 3. Planche ; où nous ver-

rons dans la partie de chaque Cadran, ce
qu'il faut faire en tout, & fur de plus grands
Plans.

1. Pour trouuer les poins requis de la *Declinaifon des Paralleles du Soleil, fur la fubftylaire* de tous ces Cadrans, qui eft la Meridiene en tous, excepté les deux Meridiens qui
ont la ligne de 6. heures pour fubftylaire. De-
terminez la longueur du ftyle droit ou la hauteur de fa pointe, felon la grandeur de chaque Plan : dont cette longueur ou hauteur fera comme la 12. partie en l'Equinoxial; la 8. ou
10. de toute la largeur au Polaire, la 5. ou 6. au
Meridien ; la 10. aux Horizontaus & Verticaus. Marquez la longueur ou hauteur du
ftyle droit S o, de S en o fur vne ligne, Perpendiculaire à la fubftylaire : fur o couchez le
Centre du Carré ; & fa ligne M 12. iuftement
fur cette Perpendiculaire o S. Pour les Equinoxiaus Polaires & Meridiens ; mais tournée
auec fon filet bandé fur e la Section de la Meridiene & de l'Equin. pour les Horizontaus &
Verticaus. Puis du point o bandant le filet de
part & d'autre s'il eft befoin, fur la Declinaifon des Paralleles des fignes ou des Arcs
Diurnes, reconnuë par les Tables 1. ou 2 marquez-en les poins requis au rencontre du filet fur la fubftylaire S e. Et en mefme temps
pour auoir *l'Horizontal* des Equinoxiaus,
du mefme point o bandez le filet fur le degré
du Pole

du Pole comme fur 49. d. marquant vn point
au rencontre fur la fubſtylaire, en haut pour
le ſuperieur, en bas pour l'inferieur. Pareillement pour celle des Polaires bandez le filet
fur le Complement du Pole comme fur 41. d.
marquant auſſi le point au rencontre, en haut
pour le ſuperieur, en bas pour l'inferieur. Tirant aprés ces Horizõtales requiſes fur leurs
propres poins, Paralleles à l'Horizon. Pour
les Meridiens & Verticaus, il ſuffit de les tirer fur S le lieu du ſtyle droit.

2. Pour les poins des Paralleles *fur les au-*
tres lignes horaires, les poins des Paralleles
eſtans marquez en la fubſtylaire : fur chacun
d'iceux, l'vn aprés l'autre, piquez vne Epingle, pour y couler l'anneau d'vn filet ; lequel
eſtant bandé de part & d'autre de la fubſtylaire, fur les poins ou Sections des heures &
des demies en l'Equinoxiale, vous donnera
chaque fois d'autres poins pour les Paralleles
oppoſez au rencontre fur les lignes horaires,
qui feront autant diſtantes de ces premieres
heures ou demies coupées par le filet en l'E-
quinoxiale, que ces meſmes premieres heures
ou demies, feroient éloignés de la fubſtylaire Ainſi ayant piqué l'Epingle au point de
Capricorne fur la Meridiene, & de là bandant le filet fur la demie d'aprés Midy en l'E-
quinoxiale, vous aurez au rencontre fur vne
heure le point de Cancer. Puis auançant le

F

filet fur le point de 1. heüre en la mefme É-
quinoxiale, vous aurez vn autre point fur la
ligne de 2. heures : & en fuite fur toutes les
autres heures par ordre, & des autres Paralleles oppofez, par la mefme façon. Comme
vous pouuez voir en plufieurs exemples, &
en diuerfes Figures ;vous fouuenât icy, qu'au
lieu du filet vous pourrez vous feruir d'vne
Regle couchée fur les mefmes poins.

§. 2. *Pour tracer les Paralleles du Soleil,
fur les Plans des Equinoxiaus, Polaires, Meridiens, Horizontaus, & Verticaus, en particulier.*

TOut ce que deffus eftant bien entendu
& bien executé, il fera bien-aifé de former les Arcs de tous ces Paralleles, fur chacun des Cadrans Reguliers ; comme ie vais
dire.

1. *Sur les Equinoxiaus* par le n.1. du §.1.
ayant marqué fur la Meridiene les poins de la
Declinaifon des Paralleles autant que l'on
aura peu ; & l'Horizontale 7, 5, eftant tirée,
Du Centre du Cadran par tous ces poins,
d'vn cofté de l'Horizontale à l'autre, il faut
former des Cercles qui reprefenteront les Paralleles ; les Septentrionaus ou ceux d'Efté,
comme en la Fig. 19. fur l'Equinoxial fuperieur, dont le premier plus proche du Centre

fera le Tropique de ♋ & du plus long iour,
le 2. pour ♊ & ♌ , ou pour l'Arc fuiuant,
comme de 15 heures, ainfi des autres, par ordre : les oppofez Meridionaus ou ceux d'Hyuer, *comme en la* 20. *Figure* fur l'inferieur,
dont le premier fera le Tropique de ♑ ou du
iour plus court, Le 2. celuy de ♒ & ♓ ou
l'arc fuiuant, comme de 9. heures ; les autres
en fuite , fans fe mettre en peine de celuy des
Equinoxes, qui ne fe peut trouuer ny en l'vn
ny en l'autre.

2. *Sur les Polaires,* Par le n. 1 & 2. du §. 1.
ayant marqué les poins des Paralleles fur la
Meridiene , & fur les autres lignes horaires,
auec l'Horizontale tirée. Depuis l'Horizontale en bas, par tous les poins d'vn mefme Parallele, il faut tracer tous les Arcs de chacun,
l'vn aprés l'autre, fans aucun angle. Sur le Polaire fuperieur; *comme en la* 21 *Fig* Les Meridionaus au deffus de l'Equinoxiale ; Les oppofez Septentrionaus au deffous : le plus haut
fera le Tropique de ♑ ou du iour plus court,
comme de 8 heures ; Les autres par ordre,
chacun pour deux Paralleles également diftans de leur Tropique ; le plus bas le Tropique de ♋ ou du plus long iour, comme de 16.
heures ; au milieu de tous l'Equinoxiale ou
l'arc de 12. heures & des Equinoxes. Sur le
Polaire Inferieur. *comme en la* 22. *Fig* Les Sep-
tetrionaus feulemét, tous par ordre, comme

au Superieur, au deſſous de l'Equinoxiale &
de l'Horizontal.

3. *Sur les Meridiens & ſur les Verticaus,*
pareillement par le n. 1. & 2. du §. 1. l'Horizontale eſtant tirée au pied du ſtyle droit, &
les poins des Paralleles eſtans marquez ſur la
ſubſtylaire & ſur les lignes horaires. Depuis
l'Horizontal en bas, par tous les poins d'vn
meſme Parallele, il faut auſſi tracer tous les
Arcs ſur les deux Meridiens & ſur le Vertical
Meridional, *comme en la* 23. *&* 24. *Fig.* les Paralleles Meridionaus au deſſus de l'Equinoxiale, les oppoſez Septentrionaus au deſſous;
comme ſur les Polaires ſuperieurs. Sur les
Verticaus Septentrionaus, *comme en la* 25.
Fig. les Paralleles Septentrionaus ſeulement
au deſſous de l'Equinoxiale & de l'Horizontale, comme ſur les Polaires Inferieurs.

4. *Sur les Horizontaus, comme en la* 26. *Fig.*
ſemblablement par le n. 1. & 2. du §. 1. Les
poins des Paralleles eſtás tous marquez ſur la
Meridiene, & ſur les autres heures, ſans l'Horizontale. Il faut de meſme façon tracer tous
les Arcs de ſuitte, par leurs propres poins; Les
Septentrionaus entre l'Equinoxial & le centre du Cadran; les oppoſez Meridionaus aprés
l'Equinoxiale : tous par ordre, comme s'enſuit. Le plus proche du Centre ſera pour le
Tropique de ♋, ou pour le plus long iour
comme pour l'Arc de 16. heures. Le 2. pour

♄ & ♌ , ou pour l'arc de 15. heures. Le 3.
pour ♉ & ♍ ou pour 14. heur. ainſi du reſte.
Le 4. des ſignes pour ♈ & ♎. Le 5. pour
♓ & ♏. Le 6. pour ♒ & ♐ Le dernier pour
le Tropique de ♑, ou pour l'arc du plus court
iour comme de 8. heures.

§. 3. *Pour tracer les Paralleles du Soleil,* *ſur les Plans des Verticaus Declinans; & pour trouuer diuers poins par quelques autres, generalement en tous les Cadrans.*

NOus auons encore icy deux ou trois
choſes principales à faire. La 1. & 2.
particuliere aux Verticaus Declinans; eſt de
trouuer les poins des Paralleles par leur Declinaiſon, ſur la ſubſtylaire, ou ſur la Meridiene ; & en ſuite ſur toutes les autres heures,
pour en tracer les Arcs des Paralleles. La 3.
commune generalement à tous les Cadrans
(excepté l'Equinoxial auquel elle n'eſt pas neceſſaire) eſt de rencontrer diuers poins par
quelques autres déja trouuez ; ce qui ſeruira
non ſeulement pour auoir les poins trop éloignez ; mais encore pour s'aſſeurer des autres
qui auroient eſté marquez. Voyons la pratique de ces choſes *dans la Figure* 27.
   1. Pour trouuer les poins des Paralleles,
ſur la ſubſtylaire des Verticaus Declinans.

Aprés auoir tiré legerement toutes les lignes horaires fur le Plan , & la longueur ou hauteur du ftyle droit S o, comme la 9. ou 10 partie de la largeur du mefme Plan, eftant marquée de S en o perpendiculairement fur la fubftylaire. Sur o couchez le centre du Carré , fa ligne M 12. ajuftée à fon filet , bandé de o fus E la Section de l'Equinoxiale & de la fubftylaire. Puis du point o bandant le filet de part & d'autre, fur la declinaifon des Paralleles des fignes ou des Arcs Diurnes, reconnuë par les Tables 1. & 2. marquez-en les poins requis au rencontre du filet fur la fubftylaire S E. Pour trouuer encore les poins des Paralleles , *fur la Meridiene des Declinans* ; portez S o la hauteur du ftyle droit , de S en 1 perpendiculairement fur l'Horizontal C S D Portez auffi D 1 la diftance du ftyle Declinant de D en a. Sur a couchez le Centre du Carré , fa ligne M 12. ajuftée à fon filet bandé de a fur B la Section de l'Equinoxiale & de la Meridiene. Puis du point a bandant le filet fur la Declinaifon des Paralleles, comme cy-deuant , marquez-en les poins requis de part & d'autre , au rencontre du filet fur la Meridiene D B.

2. Pour trouuer les poins des Paralleles, *fur les autres heures* ; feruez-vous tant que vous pourrez des poins cy-deffus marquez en la Meridiene , fi vous l'auez, & faites à pro-

portion pour les Declinans, tout ce que nous
auons dit pour les Reguliers *en la Page* 81. De
chacun de ces poins eſtendant vn filet ou vne
Regle, ſur toutes les Sections des heures &
des demies en l'Equinoxiale, de part & d'autre de la Meridiene; & marquant les poins
des Paralleles oppoſez au rencontre ſur les
lignes des heures autant diſtantes de ces Sections, que ces meſmes Sections de la Meridiene. Pour former en ſuite tous les Arcs des
Paralleles requis, par leurs propres poins; les
Meridionaus touſiours au deſſus de l'Equinoxiale, les oppoſez Septentrionaus au deſſous. Si la ſubſtylaire eſt ſur quelque heure
ou demie, ou fort proche; ſeruez vous-en au
defaut de la Meridiene, à proportion de ce
que nous en venons de dire. Et au defaut des
deux, formez les Paralleles ſur vn Patron
dont le ſtyle droit ſera plus petit (comme de
la 6. partie ſi vous voulez) que celuy du Plan
propoſé: auquel de part & d'autre depuis
l'Equinoxiale, ſur les lignes horaires, vous
multiplierez autant de fois qu'il faudra, comme 6. fois, les eſpaces de tous les poins de
chaque Parallele tranſportez du Patron; pour
en former les Arcs & tout le reſte, comme il
eſt conuenable.

3. *Pour rencontrer diuers poins des Paralle-*
les ſur diuerſes heures, les vns par les autres,
generalement en tous les Cadrans Reguliers

& Declinans, excepté l'Equinoxiale ; faites comme s'enfuit dans telles Figures qu'il vous plaira.

I. Si vous cherchez les poins d'vn mefme Parallele, l'vn par l'autre, fur deux diuerfes heures (comme fur 5. & 7. heures du Matin ou du foir) également diftantes de quelque heure ou demie d'entre deux (comme de 6. heures) qui de fix heures entieres feroit éloignée de quelque autre heure ou demie precedente ou fuiuante (comme de la Meridiene ou de la ligne de 12. heures) dont le point feroit marqué en l'Equinoxiale. Sur ce point de l'Equinoxiale couchez le bout d'vne Regle, ou d'vn filet ; vne partie fur le point du Parallele marqué en l'vne des deux heures propofées (comme fur 5 heures) & en mefme temps l'autre bout vous coupera le point requis fur l'autre heure (comme fur 7. heures) ainfi des autres.

II. Si vous demandez les poins Paralleles oppofez, les vns par les autres: couchez le milieu d'vne Regle ou d'vn filet fur le point de quelque heure en l'Equinoxiale, comme fur le point de 12. heures; vn bout fur quelque autre heure au point du Parallele propofé comme fur 11. heures au point de ♋ ; & vous aurez le point du Parallele oppofé, au rencontre de l'autre bout fur l'heure également diftante du point de l'Equinoxiale, comme le point de ♉ fur 1 heure. Ainſi des autres.

III Si vous defirez auoir en meſme temps les poins de pluſieurs Paralleles , fur diuerſes heures:couchez le milieu d'vne Regle ou d'vn filet, fur le point de telle heure qu'il vous plaira en l'Equinoxiale, comme encore fur 12. heures ; vn coſté fur le point du Parallele plus proche en l'heure auſſi prochaine, comme fur le point de ♉ en la ligne de 11. heures : vous aurez du meſme coſté les poins des Paralleles ſuiuans fur les heures ſuiuantes, comme de ♊ & ♌ fur 10. heures de ♋ fur 9 heures, & de l'autre coſté les poins des Paralleles oppoſez par ordre fur les autres heures ſuiuantes, comme de ♓ & ♍ fur 1. heur. de ♒ & ♐ fur 2. heures de ♑ fur 3. heur. Ainſi des autres.

X. VSAGE.

Pour ſçauoir, quelles heures il faut tracer en chaque Cadran ; auec l'Induſtrie d'ē faire pluſieurs en meſme temps fur diuerſes faces ; & de s'en feruir de Iour & de Nuit, pour trouuer les heures du Soleil,& les heures& iours de la Lune.

IL eſtoit à propos d'adiouſter cét vſage commun aux autres precedens, pour ren-

dre ce petit traité des Cadrans plus complet;
& pour monſtrer qu'en cette matiere, il n'y a
preſque rien que l'on ne puiſſe commodement faire par Noſtre Cadran ou Carré; comme vous allez voir ſur ce que ie viens de pro-
poſer.

§. 1. *Pour ſçauoir, quelles heures il faut tracer en chaque Cadran.*

LA ſeule ligne Horizontale faite par Noſtre Carré, comme nous auons monſtré
dans les Vſages precedens; nous apprend
d'vne part, que toutes les lignes qui ſe peuuent faire ſous icelle, ſont neceſſaires en tous
les Cadrans. Et d'autre part nous ſçauons
que comme les heures qui ſont entre le leuer
& coucher du Soleil, peuuent par fois ſeruir;
auſſi celles qui ſont deuant le leuer & aprés
le coucher du Soleil, ſont touſiours inutiles.
En ſuite dequoy vous ſçaurez en particulier,
quelles heures preciſément il faut tracer ſur
chacun des Cadrans, que nous auons expli-
quez iuſques icy: comme ie vais dire.

1.　Les Horizontaus & Equinoxiaus Su-
perieurs, auront autant d'heures matin &
ſoir, qu'il y en aura le plus long iour d'Eſté
aux lieux pour leſquels ces Cadrans ſeroient
faits.

2.　*Les Equinoxiaus Inferieurs, les Polaires*

Superieure, & les *Verticaus droits au Midy*,en ont 12 partout, depuis six heures du matin, iusqu'es à six heures du soir.

3. *Les Verticaus droits au Septentrion*, en ont enuiron autant aprés 6. heures du matin, que deuant, depuis le Soleil le lant du plus long iour; & autant deuant 6. heures du soir, qu'aprés iusques au couchant aussi du plus long iour.

4. *Les Polaires Inferieurs*, en ont autant seulement, qu'il y en a deuant 6. heures du matin, & aprés 6. heures du soir, au plus long iour.

5. *Les Meridiens Orientaus* en ont autant que le plus long iour, depuis le Soleil Leuant iusq es à Midy. *Les Occidentaus* pareillement autant que le plus long iour, depuis Midy iusques au Soleil couchant.

6. *Tous les Verticaus Declinans du Midy*, ne peuuent auoir plus de 12. heures , & ordinairement en ont moins. Tousiours 6. d'vne part vers midy, depuis la substylaire representant le Meridien du Plan, iusques à sa Perpendiculaire partant du Centre du Cadran. Et de l'autre part d'autant moins, que la Declinaison est plus grande ; & autant seulement qu'il y en peut auoir sur le Plan pour le plus long iour, depuis la substylaire iusques à l'Horizontale, passant par le lieu du style droit, ou iusques à la Perpendiculaire , cou-

pant la Meridiene au Centre du Cadran.

7. *Les Verticaus Declinans du Septentrion,* comme supplemens, en ont ordinairement moins que les autres, & autant seulement que le Soleil peut luire sur leur Plan, ou qu'il en est necessaire au dessous de l'Horizontale, pour le plus long iour. Plus d'vne part entre la substylaire & sa perpendiculaire au Centre du Cadran, vers l'heure de Midy ;& moins de l'autre vers la ligne de Minuit ; soit dessus, soit dessous la susdite Perpendiculaire, comme vous verrez estre conuenable.

8. Et remarquez icy qu'en ces Cadrans, vous pourrez adiouster ou retrancher quelques autres lignes ; pour l'ornement, & pour suppléer en tout ce que dessus, à celles que l'experience par fois monstreroit estre necessaires ou inutiles.

§. 2. *Pour faire plusieurs Cadrans en mesme temps, sur diuerses faces d'vn Polygone.*

NOstre Carré des Cadrans sert encore à cette Industrie, commune & demonstrée par les Sçauans ; pour faire & ajuster toutes sortes de Cadrans au soleil, sur toutes les faces de quelque belle Piece diuersement taillée. En voicy la Pratique.

1. Plantez des Styles droits ou obliques,

proportionez à la grandeur de cháque Cadran, fur chacune des furfaces proposées. Et
fur quelqu'vne de ces furfaces, qui vous femblera plus commode, par Noftre Carré ainfi
que nous auons monftré dans les Vfages precedens, faites feulement vn Cadran ; comme
l'Horizontal ou quelque autre, auec les lignes d ; heures fimplement, ou auec les deux
Tropiques & autres Arcs; qui vous feruiront
comme de Modele ou de Regle, pour en faire
d'autres fur les faces proposées.

2. Cecy eftant ainfi preparé ; à quelque
beau iour, comme au mois de Iuin ou de Iuil-
let, à quelque heure plus commode, comme
fur les neuf ou 3. heures, & en quelque lieu
bien expofé au Soleil; tournez & virez, hauf-
fez & baiffez toute la piece taillée, par deux
ou trois diuers fois pour chaque heure
tant & fi peu que l'ombre du bout du ftyle du
Cadran tracé, foit fur la mefme heure ; comme la premiere fois fur 6. heures du matin, au
point de ♋, la feconde fois fur la mefme ligne au point de l'Equinoxiale, ou de ♑, ainfi
de toutes les autres heures. Et à chacune de
ces deux fois pour chaque heure, ayant arrefté toute la piece, marquez promptement autât de poins fur chaque face, iuftement au but
de l'ombre du ftyle de chacune, pour la mefme
heure qui feroit en mefme temps marquée
fur le Cadran tracé par l'ombre de fon ftyle.

3. Ainfi ayant marqué deux ou trois poins pour chaque heure, tant que vous aurez peu fur toutes les furfaces propofées ; vous y tracerez toutes les lignes, chacune par fes deux ou trois poins correfpondans ; & en fuite vous y marquerez les chiffres de toutes les heures par ordre. Et par cette Induftrie, vous aurez tous vos Cadrans faits fur voftre Piece taillée, que vous arrefterez au lieu preparé comme au milieu d'vne Cour ou d'vn Iardin, ayant auparauant ajufté l'Horizontal de Niueau, ou le Vertical de plom, auec leur Meridiene tournée droit au Midy ; par le moyen de Noftre Carré, comme nous auons monftré *en la Page 46.*

4. Et remarquez icy que par le mefme artifice, vous aurez non feulement les heures Communes & Aftronomiques ; mais encore les heures Italiques, Babiloniques, & Antiques, auec les Paralleles du Soleil, & toutes autres lignes droites ou courbes, comme il vous plaira. Si vous en faites côme vn Modele fur l'Horizontal, ou fur quelque autre des faces proposées ; & fi pour les lignes droites que vous defirez, vous marquez deux ou trois diuers poins au bout de l'ombre des ftyles, comme nous auons dit cy deffus ; & pour les Paralleles ou lignes courbes, vous en marquez plufieurs poins ; quand à diuerfes fois vous verrez le bout de l'ombre

arreſté, ſur les lignes ſemblables de voſtre
Modele.

§. 3. *Inuention Nouuelle, pour trouuer de*
Iour & de Nuit, les heures du Soleil ;
& pour connoiſtre auſſi les heures, les
Iours, le Signe, le leué & le couché de la
Lune, par le Carré des Cadrans.

ELle ſuppoſe vne ou deux lignes droites
ou courbes ; que vous pourrez faire ſur le
bord d'vn Cadran Solaire, ou ſur le papier, &
par tout où il vous plaira : ſemblables ſi vous
voulez, à celles des deux coſtez A,B du 1. Carré de Noſtre Cadran des Cadrans. Chacune
deſquelles depuis le Diametre en haut, eſt
diuiſée par petites lignes, & en parties égales ;
d'vne part en **12.** pour repreſenter la difference des heures, qui peut eſtre à diuers iours
entre le Soleil & la Lune : de l'autre part, elle
eſt partagée en 15. autres parties, pour ſigni-
fier les iours de la Lune, à gauche depuis 1.
iuſques à 15. à droite depuis 16. iuſques à 30.
Cecy ſuppoſé, vous ferez, comme s'enſuit.

1. Pour trouuer de Nuit les heures du Soleil, par les heures & les iours de la Lune.
Voyez quand il vous plaira, l'heure marquée
par les Rayons de la Lune, ſur quelque Cadran Solaire : & trouuez le iour ou l'aage de la
Lune, depuis la **Nouuelle** ou **Pleine-Lune** ; par

vn bon Almanach , ou par l'Epacte courante
adjouſtée au nombre des mois depuis Mars,
& au iour du mois courant ; ou autrement.
Puis en l'vne des deux lignes cy deſſus ſup-
poſées , vis à vis du iour de la Lune , reconn-
noiſſez la difference de l'heure , correſpondante à ce iour. A l'heure reconnuë de cette
difference , adiouſtez l'heure de la Lune marquée ſur le Cadran. Et le nombre des deux
enſenble n'excedant pas 12. ou bien ſon excez au deſſus de 12. ſera iuſtement l'heure requiſe du Soleil.

2. Pour trouuer les heures de la Lune , par
les iours de la Lune, & par les heures du Soleil. Trouuez le iour ou l'aage de la Lune,
comme cy-deſſus, ſi vous voulez : & remarquez l'heure courante du Soleil , par quelque
bon Horloge bien ajuſté , ou autrement , comme de iour ſur vn Cadran Solaire. Puis comme cy-deuant en l'vne des deux lignes ſuppo-
ſées, vis à vis du iour de la Lune, reconnoiſſez
la difference de l'heure correſpondante à ce
iour. Oſtez touſiours cette heure correſpondante , de l'heure courante du Soleil, aprés y
auoir adjouſté 12. s'il eſt beſoin : & le Reſte
ſera iuſtement l'heure requiſe de la Lune, deuant ou aprés ſon Midy, comme vous pourrez aiſément reconnoiſtre (touſiours en re-
trogradant) par ſon éloignement du Soleil , de plus ou de moins de 12. heures,

& deuant

& deuant ou aprés la Pleine-Lune.

3. Pour trouuer les iours ou l'aage de la Lune, par les heures du Soleil & de la Lune. Remarquez l'heure du Soleil par quelque bon Horloge, ou par vne monftre bien aju-ftée ; & reconnoiffez l'heure courante de la Lune fur quelque Cadran Solaire. Trouuez en fuite la Difference de ces deux heures, oftant toufiours l'heure de la Lune de l'heure du Soleil, aprés y auoir adjoufté 12. s'il eft be-foin, pour en faire la fubftraction. Le Refte ou cette Difference des deux heures, fera vn premier nombre que vous chercherez parmy les heures de la difference, en l'vne des fufdi-tes lignes fuppofées ; fçauoir en la 1. ligne A, fi c'eft deuant la Pleine-Lune; en la 2. ligne B fi c'eft aprés la pleine-Lune : Et en la mefme ligne vis à vis de ce premier nombre, vous au-rez vn fecond nombre, qui fera iuftement le iour requis ou l'aage de la Lune.

4. Pour trouuer le degré du figne, auquel fe trouuera la Lune, par celuy du Soleil. Sça-chant le iour de la Lune, & le degré du figne auquel feroit le Soleil : dequis ce degré du Soleil, contez autant de fois 12. degrez (pour les fignes fuiuans celuy du Soleil) que vous aurez de iours de la Lune. Ou bien en l'vne des deux fufdites lignes A, B, entre les 15 par-ties voyez le iour propofé de la Lune, auec l'heure de la differance vis à vis entre les 12.

parties; puis contez par ordre depuis le degré du Soleil, autant de signes entiers, que
vous aurez de deux heures dans la difference
de l'heure trouuée : & de plus 15. degrez pour
vne heure, s'il en reste, 7. degrez & demy
pour vne demie, 3. degrez 3. quarts pour vn
quart d'heure, 1. degré seulement pour 4. minutes d'heure. Et par ce moyen aduançant
tousiours dans l'Ecliptique, vous aurez le degré du signe requis, auquel se trouuera la Lune au iour proposé.

5. Pour trouuer l'heure du Leué & du
Couché de la Lune, par celuy du Soleil. Sça-
chant le iour de la Lune, & le degré du signe
auquel elle se trouuera, comme nous venons
de dire : remarquez à quelle heure se leueroit
& se coucheroit le Soleil, s'il estoit en mesme
degré que la Lune; & prenez à peu prés la
mesme heure pour le leué & couché de la Lune. Puis en l'vne des deux lignes susdites
A, B, entre les 15. paties, comme cy-dessus,
voyez le iour proposé de la Lune, auec l'heure de la difference vis à vis entre les 12. parties; à cette heure adjoustez encore l'heure
trouuée du Leué & du Couché de la Lune : &
ce nombre d'heures n'excedant 12. ou son excez de 12. fera proprement l'heure du Leué &
du Couché de la Lune; qui sera de Iour ou
de Nuit, tousiours aprés le Leué & le Couché du Soleil, au croissant de la Lune; &

tóusiours deuant, au décroissant.

Exemple des cinq Regles precedentes
pour le 23. Iannier 1649.

POur la 1. Regle. La Nuit du 23. Iannier
1649. ayant trouué 2. pour l'heure de la
Lune ; & 10. pour le iour de la Lune. Cherchez 10. entre les 15 parties en la 1. ligne A.
Vis à vis de 10. voyez 8. entre les 12. parties
pour l'heure correspondante. Adjoustez 8. à
2. l'heure trouuée de la Lune. Vous aurez
10. heures de Nuit, pour l'heure courante du
Soleil Ou bien encore ayant trouué 7. pour
l'heure de la Lune ; à 7. adjoustant 8. vous
aurez 15. excedant 12. de 3, qui sera l'heure de
Nuit. Ainsi des autres.

II.   Pour la 2. Regle. Le mesme 23. Iannier,
de Iour ou de Nuit. Ayant trouué 10. pour le
iour de la Lune, & 9. pour l'heure courante
du Soleil. Vis à vis de 10. entre les 15. parties
en la 1. ligne A , voyez 8. entre les 12. parties
pour l'heure correspondante. Ostez 8. de 9.
vous aurez 1. pour l'heure requise de le Lune.
Ou bien ayant 6. pour l'heure courante du
Soleil; adjoustant 12. à 6, vous aurez 18. d'où
ostant 8. le Reste sera 10. pour l'heure pre-
sente de la Lune. Ainsi des autres.

III.   Pour la 3. Regle. Le mesme iour 23.
Iannier , ayant trouué 9. pour l'heure du So-

G ij

leil, & 1. pour l'heure de la Lune : oftant 1. de
9. vous aurez 8. pour Difference ou pour le
premier Nombre. Cherchez 8. entre les 12.
parties en la 1. ligne A, fçachant que la Lune
eft encore en fon Croiffant, deuant la Pleine-
Lune. Vis à vis de 8. voyez 10. (entre les 15.
parties) qui fera le iour requis ou l'aage de la
Lune. Ou bien ayant 2. pour l'heure du Soleil, & 6. pour l'heure de la Lune : à 2. adjouftant 12. vous aurez 14. d'où oftant 6. le Refte
fera 8. que vous chercherez en la 1. ligne A,
entre les 12. parties. Et vis à vis de 8. vous aurez 10. pour le iour de la Lun. Ainfi des autres.

IV. Pour la 4. Regle. Le mefme 23. Ianuier,
la Lune eftant en fon 10. iour, & le Soleil au
3. degré de ♒. Depuis ce 3. degré, pour les 10.
iours de la Lune, contez dix fois 12. degrez,
qui feront 120. degrez, ou quatre fois 30. degrez, valans 4. Signes entiers, comme font les
fuiuans ♓, ♈, ♉, ♊ ;& par confequent monftreront, que la Lune fera pour lors au 3. degré de ♊. Ou bien encore, la Lune eftant en
fon Croiffant, en la ligne A entre les 15. parties trouuez 10. & vis à vis entre les 12. parties pour l'heure de la difference voyez 8. Puis
pour quatre fois deux heures, qui fe trouuent en cette difference de 8. heures ; depuis le 3. degré de ♒ où fe trouue le Soleil,
contez par ordre quatre Signes entiers, fçauoir ♓, ♈, ♉, ♊ ; d'où vous apprendrez que

la Lune pour lors fera dans le 3. degré de ♒. Ainfi des autres.

V. Pour la 5. Regle. Le mefme iour 23. Ianuier, la Lune eftant en fon 10. iour, & au 3. degré de ♒. Ayant remarqué au lieu où vous feriez, comme en l'Eleuation de 49. degrez que le Soleil eftant au 3. degré de ♒ fe leue enuiron 4. heures 1. quart, & fe couche enuiron 7. heures 3. quarts : vous prendrez à peu prés la mefme heure pour le Leué & Couché de la Lune. Puis la Lune eftant pour lors en fon Croifant, en la fufdite ligne A entre les 15. parties, voyez 10. & 8. heures vis à vis entre les 12. parties, pour l'heure de la difference : à ces 8. heures adiouftez 4 heures 1. quart du Leué cy-deffus trouué, vous aurez 12. heures 1. quart plus particulierement pour l'heure du Leué de la Lune, qui paroiftra ce iour-là fur l'Horizon, enuiron 1. quart d'heure aprés Midy. Semblablement à ces 8. heures de la difference trouuée adiouftant 7. heures 3. quarts du Couché cy-deuant trouué, vous aurez 15. heures 3 quarts, excedant 12. de 3. heures 3. quarts, qui feront proprement l'heure du Couché de la Lune, enuiron 3. heures 3. quarts aprés Minuit. Ainfi des autres.

XI. VSAGE.

Pour tracer les heures Babyloniques, Ita-
liques, & Antiques ; sur toutes
sortes de Plans.

LEs heures Babyloniques , dont se seruent les Babyloniens , & autres Peu-
ples : sont 24. continuës, qui se comptent pour chaque iour Naturel , depuis vn
Leuer du Soleil, iusque à l'autre suiuant. Les
Italiques sont aussi 24. continuës, pareillement pour vn iour Naturel ; qui se comptent
par les Italiens & autres, depuis vn Coucher
du Soleil, iusques à l'autre. Et les Antiques
ou Iudaïques , dont se seruoient les Anciens
& les Iuifs, se comptent par deux fois 12. heures ; sçauoir vne fois , depuis le Soleil Leuant
iusque au Couchant de chaque iour Artifi-
ciel, & la 2. fois, depuis le Soleil Couchant du
iour precedent , iusque au Soleil Leuant du
lendemain, pour chaque Nuit Artificielle.
Pour tracer toutes ces heures sur toutes sortes de Plans , il faut tousiours supposer vn
style droit , proportioné au Plan proposé, &
de plus les deux Tropiques auec les Arcs
de quelques autres Paralleles du Soleil,
pour les faire plus commodément, comme
ie vais monstrer *dans les Figures.*

§.1. *Pour tracer les heures Babyloniques,*
Italiques, & Antiques ; fur vn
Plan Equinoxial.

LA façon en eſt particuliere & plus facile
que celle des autres. Elle ſuppoſe ſeulement le ſtyle proportioné, la Meridiene &
l Horizontal ; auec deux Cercles inegaus,
comme ſeroit le premier ou plus petit pour le
Tropique, & le dernier ou plus grand de
ceux que vous auriez fait ſur le Plan, par Noſtre Carré des Cadrans. En ſuite dequoy vous
ferez comme s'enſuit *dans les Figures.*

Pour tracer les heures Babyloniques &
Italiques, fur les Equinoxiaus : com-
me en la Figure 29.

1. DIuiſez chacun des deux Cercles ſuppoſez, en 14 parties égales, commençant la diuiſion de chacun, dequis leur Section de l'Horizontal ; à droite pour les Babyloniques, à gauche pour les Italiques. Et
pour cét effet ſi vous voulez, eſtendant le
Compas du Centre à la Circonference de
chacun ſeparément, pour le diuiſer en ſix parties égales ; dont chacune eſtant derechef diuiſée en quatre autres plus petites, vous aurez les 24. parties de chaque Cercle entier.

2. Cela fait, tirez toutes les lignes des heu-
G iiij

res requiſes par ordre, chacune par ſes deux
poins d'vn Cercle à l'autre Les Babyloniques
de droite à gauche, les Italiques de gauche à
droite, pour l'Equinoxial Superieur : & au
contraire pour l'Inferieur. Côme vous voyez
dans la Figure ſuſdite, dont le bas au deſſous
de l'Horizontale, eſt pour le Superieur, le
haut pour l'Inferieur, au deſſus de la meſme
Horizontale, qui eſt touſiours la 24. heure ; à
laquelle ſe fait Parallele la ligne de 12. heures,
qui ſe trouue ſeulement en l'Equinoxial Superieur, autant au deſſous diſtante du Centre, que l'Horizontale au deſſus.

Pour tracer les heures Antiques ou Iu-
daïques, ſur les Equinoxiaus :
comme en la 30. Figure.

1. EN ces Cadrans Equinoxiaus, la Meridiene eſt touſiours la ligne de 6. heures, & l'Horizontale touſiours celle de 12.
heures. Cela ſuppoſé auec ce que nous auons
dit au commencement. De part & d'autre de
la Section de la Meridiene, diuiſez chacun
des deux Cercles cy-deuant ſuppoſez en ſix
parties égales ; qui feront les 12. plus grandes
de l'Equinoxial Superieur, côme vous voyez
au deſſous de l'Horizontale, & les 12. plus petites de l'Inferieur, comme monſtre *la figure*
au deſſus de l'Horizontale.

2. Cela fait, pour l'vn & l'autre Cadran,

tirez toutes les lignes des heures requifes par
ordre , chacune par fes deux poins d'vn Cercle à l'autre, depuis l'Horizontale. Celles de
l'Equinoxial Superieur de droite à gauche ;
celles de l'Inferieur de g.uche à droite, comme vous les voyez dans *la fufdite Figure.*

§.2. *Pour tracer les heures Babyloniques,*
& Italiques, fur les Plans de tous
les autres Cadrans : comme
en la Figure 31. & 33.

LA meilleure façon de toutes, eft de les
tracer par l'Equinoxiale, & par les Arcs
oppofez d'vn nombre d'heures pair , également diftans de l'Equinoxiale ; Comme font
celuy de 10. & de 14. h. de 8. & de 16. heur.
que l'on fuppofe faits du moins legerement
fur les Plans , par Noftre Carré des Cadrans
ou autrement ; auec les poins des heures fur
l'Equinoxiale, & fur tous ces Arcs, tant que
l'on pourra les auoir. Voyons-en la Pratique
dans les Figures.

1. Ayant fait l'Equinoxiale ou l'Arc de 12.
heur. & les Arcs oppofez des heures de nombre pair, tels qu'il vous plaira ; voyez de combien d'heures leur moitié eft differente de
celle de l'Arc de 12. heures ; ou de combien
d'heures le Soleil eftant dans ces Arcs fe leue & fe couche deuant ou aprés fix heures
communes. Pour tirer aprés les heures Baby-

Ioniques & Italiques, d'vn Arc à l'autre, felon
cette difference, par les poins des heures
communes autant diftantes entr'elles ; comme ie vais dire.

2. Ainfi auec l'Equinoxiale ou l'Arc de 12.
heures, ayant choifi les Arcs de 8. & de 16.
heures ; dont la moitié 4. & 8. heures, de 2.
heures differente de 6 la moitié de l'Arc de
12. heures; monftre que le Soleil en l'Arc de 8.
fe leue 2. heures aprés, & fe couche 2. heures
deuant 6. heu. En l'Arc de 16. fe leue 2. heures
deuant, & fe couche 2. heur. aprés 6. heures.
En fuite dequoy commençant les heures Babyloniques depuis le leuer du Soleil dans ces
Arcs de 16. de 12. & de 8. heures, vous tirerez
la 1. heure par le point de 5. heur. du matin
fur l'Arc de 16. heur. par celuy de 7. heur. fur
l'Equinoxiale ou fur l'Arc de 12. heur. & par
celuy de 9. h. en l'Arc de 8. heures. Les autres
fuiuantes par ordre toufiours de 2. en 2. heur.
fur ces trois Arcs. Comme la 2. heure Babylonique par les poins de 6. 8. 10. La 3. par 7. 9.
11. ainfi des autres. Au contraire commençant les heures Italiques, depuis le Coucher
du Soleil, dans ces mefmes Arcs en retrogra-
dant; vous tirerez la 23. par 7. heur. du foir
fur l'Arc de 16. heur. par 5. fur l'Arc de 12 h.
ou fur l'Equinoxial, & par 3. fur l'arc de 8. h.
Puis la 22. par 6. 4. 2. la 21. par 5. 3. 1. Ainfi
des autres.

3. Pareillement auec l'Equinoxial ou
l'Arc de 12. heur ayant choifi les Arcs de 10.
& 14. heures: dont la moitié 5 & 7. heures, de
1. heure feulement differente de 6 heures la
moitié de 12. monftre que le Soleil en ces Arcs
de 10 & 14. heur. fe leue & fe couche 1. heur.
deuant ou aprés 6. h. En fuite dequoy vous
tirerez d'vn Tropique à l'autre, la 1. heure
Babylonique par 6. heur. du matin de l'arc de
14. heur. par 7. de l'Arc de 12. par 8. de l'Arc
de 10. la 2. par 7. 8. 9. la 3. par 8. 9 10. Ainfi
des autres, allant d'heure en heure en ces
trois Arcs, de 14. de 12 & de 10. heures. Au
contraire en retrogadant depuis le Coucher
du Soleil, vous tirerez la 23. Italique, par 6 h.
du foir de l'Arc de 14 heur. par 5 de l'Arc de
12. & par 4 de l'Arc de 10. heures. La 22. par
5. 4. 3. La 21 par 4. 3. 2. Ainfi des autres.

4. La 12. heure Babylonique & Italique,
par cette façon comme par les autres, fe fait
diuerfement fur diuers Cadrans. *Sur les Ho-*
rizontaus, elle paffe par 7. heures du matin &
par 5. h. du foir, & elle fe fait iuftement au milieu, entre le Centre & l'Equinoxiale, à laquelle elle doit eftre Parallele. *Sur les Verticaus*
drois, il n'y en a point, non plus que d'ombre
pour cette heure. *Sur les Polaires Superieurs,*
où elle fe trouue feulement: elle paffe par 7.
heures du matin, & par 5. heures du foir en
l'Arc de 14. heures, & eft Parallele à l'Equi-

noxiale, autant au deſſous d'elle que l'Horizontale l'eſt au deſſus, *Sur le Meridien Orien-*
tal, *& ſur les Verticaus Declinans vers l'O-*
rient, ſe trouue ſeulement la 12. heure Italique, qui paſſe par ſix heures du matin en l'E-
quinoxiale, & par le point de 7. heur. en l'Arc
de 14. heures. *Sur le Meridien Occidental*, *&*
ſur les Verticaus Declinans vers Occident;
au contraire ſe trouue ſeulement la 12. heure
Babylonique, qui paſſe par 5. heures du ſoir
en l'Arc de 14. h. & par ſix heures en l'Equinoxiale.

5.　La 24. heure Babylonique & Italique
ne ſe trouue pas en l'Horizontal, les ombres
y eſtans pour lors infinies. En tous les autres
Cadrans elle eſt touſiours repreſentée par la
ligne Horizontale. Et toutes les autres heures, que l'on auroit peine de trouuer par leurs
propres poins particuliers, ſe trouuerront par
leurs oppoſées : ſçauoir les Babyloniques à
l'oppoſite des Italiques de meſmenombre &
par contraires les Italiques par les Babyloniques : comme la 12. Babylonique d'vn coſté,
eſtant produite en l'autre eſt la 12. Italique.
Ainſi des autres.

§. 3. *Pour tracer les heures Antiques ou*
Iudaïques, sur toutes sortes de Plans :
comme en la Figure 32. & 34.

VOus les ferez aisément & promptement, comme s'enfuit :

1. Ayant fait l'Equinoxiale ou l'Arc de 12.
heures, les deux Tropiques, & les Arcs de six
& 18. heur. auec les poins des heures fur l'E-
quinoxiale, & des demies fur l'Arc de 6. & 18.
heur. par le moyen du Carré des Cadrans.
Tirez toutes les heures Antiques par ordre
d'vn Tropique à l'autre, par deux ou trois
poins tant que vous pourrez; dont l'vn fe
prendra de demie en demie fur l'Arc de fix
heures. L'autre d'heure en heure toufiours
fur l'Equinoxiale, & le troifiefme d'heure &
demie en heure & demie fur l'Arc de 18. heures.

2. Ainfi commençant par les heures du
Matin, & par l'arc de 18. heures ; vous tirerez
la 1. heure Antique, par le point de 4. heures
& demie de l'Arc de 18. heures, par le point
de 7. h de l'Equinoxiale, & par le point de 9.
& demie de l'Arc de 6. heures. La 2. par le
point de 6. heures de l'Arc de 18. par le point
de 8. heur. de l'Equinoxiale, & par le point de
10. heures de l'Arc de 6. heur. La 3. pareillement par les poins de 7. heures & demie, de

9. & de 10. heures & demie. La 4. par 9. 10.
11. heures. La 5 par 10 & demie, 11. & 11 heur.
& demie. La 6. sera la Meridiene. La 7. par
les poins de 1. & demie, de 1. h. & de 12. & demie La 8. par 3. 2 & 1. La 9. par 4. & demie,
3. & 1. heure & demie. La 10. par 6. 4 & 2.
Enfin la 11. par 7. & demie, 5. & 2. & demie.

3. Remarquez icy que la 12. heure Antique
ne se trouue pas en l'Horizontal ; non plus
que la 6 aux deux Meridiens ; dautant que
les ombres pour lors y sont infinies. Et l'Horizontale par tout où elle se trouue, peut seruir pour la 12. heure Antique.

XII. ET DERNIER VSAGE.

*Pour mesurer toutes sortes de Longueurs,
Largeurs, Hauteurs, Profondeurs, &
Distances ; par le Carré des Cadrans :
Auec l'Industrie de faire le Plan de
tout ce que l'on voudra, & de Toiser
& Arpenter.*

JE pouuois icy monstrer, comme Nostre
Carré des Cadrans ne sert pas seulement à faire toutes sortes de Cadrans,
auec les Paralleles du Soleil ; ains encore à
plusieurs autres Vsages. Mais ie ne deuois pas
ometre ce dernier, qui en est vn des plus no-

tables : Pour le mieux entendre & pratiquer,
il faut suppofer deux ou trois chofes. I. Le
Cercle gradué des degrez égaus dans Noftre
Carré, on le 2. Carré des degrez inégaus;
auec deux pinnules, fi vous voulez, fur le cofté A B; & auec vn plom pendant à vn filet
fortant du Centre. II. Vne ligne droite (que
nous appellerons l'*Efchelle*) diuisée en quelque nombre de parties égales, femblable à la
derniere au bord du cofté C D dans Noftre
Carré; ou bien à celle de la ligne A B. *en la Fi-*
gure 35. dont nous nous feruons. III. Vn Compas & vne Regle, pour faire des petites Figure racourcies par le moyen de l'*Efchelle*, femblables & proportionées aux plus grandes
figures; que vous conceurez eftre faites par
les Rayons Vifuels, & par les grandeurs ou
diftances & eftéduës des objets ou des Plans
propofez. En fuite dequoy vous ferez comme
dans la fufdite Figure 35. qui vous poutra feruir prefque à tout ce que ie vais dire.

§. 1. *Pour Mefurer toutes fortes de Lon-*
gueurs, Largeurs, Hauteurs, Profon-
deurs, & Diftances de Niueau ou de
Plom fur l'Horizon; auec l'eftenduë
des Rayons Vifuels.

LA façon plus commode & plus vniuerfelle, pour conniftre toutes ces Mefures,

par Noftre 2. Carré, ou par Noftre Cercle
gradué ; eft celle qui fe pratique par deux ftations, en mirant le terme des objets propofez
par deux fois , de deux endrois diffeiés. Dont
on doit foigneufement remarquer la diftance,
qui fe prend entre-deux en ligne droite ; comme fur la Plaine , ou fur vne Plate-forme ; ou
bien à plom, comme debout & de genoux, au
haut & au milieu d'vne feneftre ou d'vn bafton. Ainfi que ie vais monftrer *fur noftre Fi-*
gure 35. que vous concevrez telle & fi grande
qu'il vous plaira, en diuers fens , & en diuerfes parties.

1. *Pour connoiftre la longueur d'vne Plaine,*
ou la largeur d'vne Riuiere, en ligne droite;
comme G C , & H C. Faites la 1. ftation en I
fur G dreffant les deux Pinnules ou le cofté
A B du Carré penchant vers C, que vous mirerez par le Rayon Vifuel I C. & retenez le
degré, comme 15. razé par le filet pendant librement à Plom fur le 2. Carré, ou fur le Cercle gradué, & conté depuis la ligne du milieu M. Aduancez-vous aprés, comme de 5.
toifes en 2. à Plom fur H le bas de la Plaine
ou le bord de la Riuiere; dreffant encore les
Pinnules ou le cofté A B du Carré penchant
vers C, que vous mirerez par le Rayon Vifuel 2. C , & retenez le degré depuis M. comme 30. razé par le filet pendant à Plom. Puis
feparément fur le papier, comme vous voyez
                                                 à droite

à droite *dãs la Figure 36. racourcie* : tirez 1. 2. de
5. parties prifes, fur l'Echelle A B, pour repre-
fenter les cinq toifes de diftance entre les
deux ftations 1. 2. Tirez encore à plom 1 g,
2 h. Du Centre 1. faites le 1. Arc de 15. degr.
depuis 1, o, en bas, pour 1 c. Du centre 2. le 2.
Arc de 30. deg. depuis 2, o en bas, pour 2 c.
De la Section c, la ligne c h g perpendiculaire
fur 2 h , 1 h. Cela fait c h prefenté auec le
Compas fur l'Echelle A B, vous y monftrera
enuiron 8. parties qui feront 8. toifes pour la
longueur ou largeur H C propofée. Semblablement fi vous voulez, c g porté fur l'Echelle monftrera enuiron treize toifes pour G C.
c 2. enuiron dix toifes, pour le Rayon vifuel
2 C. c 1. en iron 14. toifes, pour 1 C. Ainfi
des autres longueurs & largeurs que l'on
vous pourroit propofer : vous fouuenant que
les mefures rapportées fur l'Echelle font toûjours femblables à celles des deux ftations.

2. *Pour trouuer d'en-haut la hauteur d'vn*
Bouleuart auec la largeur de fon foffé, ou bien la
profondeur d'vne Cifterne auec l'eftenduë de fon
fond : en ligne droite, comme 1 G, & G C Eftát
debout au haut du Bouleuart ou de la Cifterne, comme du point E. mirez C le bord propofé du foffé ou de l'Eftenduë, par le Rayon
vifuel E C, paffant au trauers des Pinnules ou
le long du cofté A B du Carré penchant vers
C. & marquez le degré conté depuis le Dia-

H

metre, comme 60 , razé par le filet à plom fur
le 2. Carré , ou fur le Cercle gradué. Baiffez-
vous aprés fur I, fi vous voulez , comme de 4.
pieds , & mirez derechef C par le Rayon I C,
marquant le degré razé & conté depuis le
Diametre o o , comme 75. Puis par la Figure
racourcie , fait.s e g la ligne des ftations. e 1
de 4. parties prifes fur l'Echelle , pour les 4.
pieds d'entre-deux. Du centre e le 1. Arc remarqué au 1. regard , de 60. deg. depuis e g
vers c ; pour tirer e c. Du centre 1. le 2 Arc de
75. deg. depuis 1 g vers c , pour 1 c. De la Section c, faites c g perpendiculaire fur e g. Portant 1 g fur l'Echelle, vous y aurez enuiron
cinq parties , pour cinq pieds de hauteur ou
profondeur I G. Pareillement g c fera enuiron de 13 parties pour 13. pieds de largeur ou
eftenduë G C. De mefme 1 c de 14. pour 14.
pieds du Rayon vifuel I C. Faites le mefme à proportion pour la hauteur d'vne Tour
ou d'vne feneftre, & l'eftenduë d'vne Cour ou
d'vn Iardin ; pour la profondeur , & largeur
d'vn Puits : ainfi des autres.

   3. *Pour fçauoir d'en-bas la longueur ou lar-*
geur d'vn Champ ou d'vn Pré, auec la hauteur
d'vn Chafteau ou d'vne maifon au bout en ligne
droite 1 vn au bout de l'autre : côme G C, C B.
Eftant en bas & debout en I fur G pour la 1.
ftation ou le 1. regard ; par le Rayon vifuel
I B. Mirez B le haut du Chafteau ou de la

maifon au trauérs des Pinnules ou le long du
cofté A B du Carré dreffé vers B ; & marquez
le degré (que vous deuez icy conter depuis la
ligne du milieu M S) comme 15. razé par le
filet pendant à plom. Aduancez-vous aprés
comme de 5 toifes en 2. fur H, Mirez de re-
chef B, par le Rayon 2 B, & marquez 30. l'autre degré razé & conté depuis M. Puis pour
la Figure racourcie, faites 1 0 la ligne des ftations. 1, 2. de 5. parties prifes fur l'Echelle A B , pour les 5. toifes d'entre-deux : Du
centre 1 le 1. Arc remarqué de 15. deg. depuis
1 0 en haut vers b ; pour tirer 1 b. Du centre
2 le 2 Arc de 30. deg. depuis 2. 0 en haut vers
b ; pour 2 b. De la Section b. faites b c perpendiculaire fur 1. 0. Cela fait, 1. 0, enuiron de
14. parties fera 14. toifes , pour 1, 0, ou G C la
longueur ou largeur propofée du champ ou
du pré. b o enuiron de 7. par. fera 7. toifes ;
aufquelles adjouftant la hauteur de l'œil fur
terre comme 5. pieds, vous aurez en tout 7.
toifes 5. pieds , pour toute la hauteur propofée de la maifon ou du Chafteau. Ainfi de
toutes autres mefures à proportion.

4. Pour ne pas faillir dans les fufdites ope-
rations, fouuenez-vous toufiours de trois ou
quatre chofes remarquables.

1. Si les deux ftations ou regards, fe font
en ligne droite Parallele à l'Horizon ; contez
toufiours le degré razé par le filet pendant

fur le 2. Carré ou fur le Cercle gradué, depuis M la ligne du milieu. Et pour la figure racourcie, faites la ligne des ftations 1. o comme
vne Horizontal; & les deux Arcs des degrez
trouuez au deffous, quand l'objet proposé
eft en bas, comme C. au deffus quand il eft en
haut, comme B.

II. Si les deux ftations fe font à plom fur
l'Horizon, contez toufiours le degré razé par
le filet, depuis O le Diametre plus proche, ou bien prenez le Complement depuis
M. Et pour la Figure racourcie, faites la ligne
des ftations à plom, comme e 1 g ; & les deux
Arcs des degrez contez depuis 1. o. en bas,
quand l'objet miré eft en bas, comme C. depuis 1. o. en haut, quand l'objet eft en haut
comme B.

III. Pour eftre plus exact en la Figure racourcie, il faut faire les Arcs vn peu grands,
comme eft le Noftre gradué, ou bien au lieu
d'vn il en faut faire deux, pour tirer chaque ligne droite par trois poins.

IV. Pour connoiftre la qualité des mefures, par le rapport de chaque ligne fur l'E-
chelle A B, faites en forte que les parties de
cette Echelle, foient bien exactes ; & vous
fouuenez toufiours que chacune de ces parties entieres, reprefente autant de mefures
femblables à celles que vous aurez prifes
entre les deux ftations, comme des pieds, des

toifes, & autres ; qui en auront auſſi d'autres
plus petites que chacune contient en ſes par-
celles ou diuiſions, comme des pouces, & autres.

§. 2. *Pour Meſurer toutes ſortes de diſtan-* *ces entre diuers objets ; & pour faire* *le Plan de tout ce que l'on* *voudra.*

IL ſe faut icy ſeruir de noſtre Carré diuer-
ſement, ſelon la diuerſité des objets propoſez : mais touſiours en ſorte que l'on les
puiſſe commodément voir de deux ſtations
ou de deux endroits, dont on remarquera
ſoigneuſement l'eſpace d'entre-deux ; & par
deux regards ou deux rayons de veuë. Pour
marquer en ſuite ſur le 2. Carré ou ſur le
Cercle gradué, les degrez coupez par vn filet
pendant ou bandé, ou bien par vne Alidade
tournant antour du Centre ; comme ie vais
monſtrer *dans la meſme Figure.*

  1. *Pour connoiſtre la diſtance de diuers ob-*
iets propoſez en ligne droite denant vous ; comme en bas entre H K·C ; & en haut à plom ou
en pente, comme C o B. En chacune des deux
ſtations à plom ſur l'Horizon, comme en E, I;
ou bien horizontalement, comme ſur G , H,
voſtre œil eſtant en 1 & 2 ; comme nous auons
monſtré cy-deuant : mirez chacun des obiet

propofez H. K. C, o, B, au trauers des Pinnules, ou le long du cofté A B du Carré penchant, & marquez chaque fois (fur le papier
s'il eft befoin) le degré razé par le filet pendant fur le 2. Carré ou fur le Cercle gradué.
Pour faire aprés des Figures racourcies par
les Arcs des degrez marquez, & par les lignes tirées de chaque Section à l'autre, comme de H en K, C, & de C en o, B. Et en fuite
par le rapport de chaque ligne fur l'Echelle
A B, connoiftre toutes les diftances requifes
H, K, C, o, B, auec leurs mefures femblables à
celles que vous auriez prifes entre les deux
ftations E 1, ou 1, 2.

2. *Pour la diftance des autres obiets propofez*
en trauers, de long, de large, de biais, ou en
pente, fur terre, ou fur vn toict, par tout &
en tous fens; mais touïours en ligne droite;
que l'on doit conceuoir entre les objets propofez, de l'vn à l'autre. Prenez vos deux ftations, en lieu commode, d'où les Rayons vifuels puiffent faire des angles, par le regard
de chaque obiet propofé; que vous mirerez,
au trauers des Pinnules d'vne Alidade tournant autour du Centre; ou bien le long d'vn
filet tournant autour d'vne pointe au Centre,
& bandé chaque fois vers les objets propofez; pour en marquer auffi chaque fois le degré coupé fur le 2. Carré ou fur le Cercle
gradué, & en fuite pour reconnoiftre chaque

diftance requife, par le rapport des Figures
racourcies fur l'Efchelle A B, à proportion,
comme nous auons dit, & comme ie monftre
par Exemple.

3. Ainfi fi l'on demande la longueur ou largeur d'vn toiêt, ou le penchant d'vne colli-
ne, ou de quelque autre chofe ; dont les ter-
mes propofez foyent en ligne droite : comme
feroit B C *en noftre Figure.* Faites vos deux
ftations en ligne droite de haut en bas, comme en E. I: ou bien tout en bas, comme en 1, 2,
toutes deux au lieu, d'où vous puiffiez commodement voir les objets propofez, comme
B, C, & vn point choifi entre deux, comme o;
les mirant au trauers des Pinnules d'vne Alidade, ou le long d'vn filet tournant autour du
Centre du Carré, que vous tiendrez tout
plat, ou releué, ou penchant, comme il en fera befoin. Eftant donc en I, & tenant l'Alidade ou le filet fur M la ligne du milieu, mirez o
le point choifi. Puis fans deftourner M du
point o, tournez feulement l'Alidade ou le filet vers B, & vers C ; marquant chaque fois
le degré coupé fur le 2. Carré ou fur le Cercle
gradué, de part & d'autre comme 15. Aduan-
cez aprés pour la 2. ftation, comme de cinq
toifes en 2. d'où vous ferez de mefme qu'en
la 1. arreftant M droit vers o, puis tournant
l'Alidade ou le filet vers B, & C; & marquant
encore chaque fois, quelqu'autre degré cou-

H iiij

pé, comme 30. Aprés cela , pour la Figure racourcie, que vous voyez à cofté. Faites, 1, o, la
ligne des ftations. 1, 2. de cinq parties, prifes
fur l'Echelle , pour les cinq toifes d'entre les
deux ftations. Du centre 1 le 1. Arc de part &
d'autre de 15. degr. Du centre 2 le 2. Arc de
30. deg. Pour tirer 1 b, 1 c, 2 b, 2 c. & b c par
les deux Sections b c. En fuite dequoy b c
rapporté fur l'Echelle monftrera 13. parties
femblables à celles des deux ftations; qui feront 13. toifes, pour B C la longueur, largeur,
ou diftance propofée.

4.   *Pour faire le Plan d'une Piece de terre,*
comme A B C D en noftre *Figure 35*. ou quelqu'autre chofe femblable. I. Plantez des baftons à tous les Angles de la Piece, s'il eft befoin pour les voir de loing : & fi la furface n'a
point d'angles , reduifez-la au Carré ou à
quelque autre figure commode , par des cor-
deaus ou par des baftons dreffez; vous fouuenant aprés de fuppléer ce qui fera neceffaire.

II. Dehors ou dedans la Piece plantez deux
autres baftons en lieu commode pour y faire
les deux ftations, comme en 1, 2 , diftans fi
vous voulez de cinq toifes. Sur le 1 bafton en
1 pofez ou piquez le Centre du Carré, & l'y
arreftez aptés auoir tourné M la ligne du milieu vers le 2 bafton. Puis le long du filet bandé , ou par les Pinnules de l'Alidade , mirez
A, B, C, D, marquant chaque fois en vos Ta-

bletes, le degré coupé fur le 2 Carré ou fur le
Cercle gradué. Et faites de mefme fur le 2 bafton en 2, aprés y auoir arrefté M droit au r
bafton. III. Cela fait, pour le Plan, formez la
figure racourcie par l'Echelle, comme cy · deffus à proportion. Faifant pour cét effet la ligne droite des ftations 1, 2 comme de 5. parties pour les 5. toifes. Du Centre 1 le 1. Cercle, pour y marquer tous les deg. trouuez en
la 1. ftation, & tirer les lignes 1 a, 1 b, 1 c, 1 d.
Du centre 2 le 2. Cercle, pour les degrez de
la 2. ftation, & pour les lignes 2 a, 2 b, 2 c, 2 d,
Et en fuite de chacune des Sections à l'autre
prochaine, tirant toutes les lignes a b, b c, c d,
d a, requifes pour le Plan propofé A B C D.
Ainfi des autres.

§ 3. *Induftrie pour Toifer, & Arpenter,* *tout ce que l'on voudra.*

L A pratique de cecy fuppofe deux ou trois
chofes. I. Le Plan de la Piece propofée,
tout formé dans fa Figure racourcie, comme
ie viens de monftrer. II. L'Eftenduë & la me-
fure de chaque cofté & de chaque ligne du
mefme Plan, reconnuë par le rapport de la Figure racourcie fur l'Echelle; cóme nous auons
encore veu cy-deuant. III. Les diuerfes furfaces des Plans, qui fe peuuent reduire generalement à quatre ou cinq, eftans toutes Car-

rées, ou Triangulaires, ou de quelqu'autre
Figure aux coſtez drois, ou bien encore ron-
des ou courbes. Cela ſuppoſé, faites comme
s'enſuit, *dans la Figure* 35. & 36.

1. Si le plan eſt *tout Carré*, ayant quatre
Angles drois ; comme A B C D. Multipliez
deux de ſes coſtez immediatement conioints
enſemble, l'vn par l'autre : comme D C de
40. toiſes, par D A de 20. toiſes. Le produit ſera le Contenu du Carré ; comme 800.
toiſes du Plan propoſé A B C D.

2. Si le Plan eſt, *Triangulaire, ayant vn
Angle droit* ; comme D G I. De deux coſtez
conioints par l'angle droit, multipliez l'vn par
l'autre ; comme G I de 10. t. par G D de 8. t.
La moitié du produit, comme 40. t. ſera le
contenu requis. Mais ſi le Plan *Triangulaire,
n'a aucun angle droit* ; comme D C I. De l'vn
de ſes Angles, comme de 1 dans la Figure racourcie d c 1, faites vne Perpendiculaire, comme 1 g ſur ſa baſe d c : meſurez 1 g ſut l'E-
chelle, comme de 10. t. & ſa baſe d c comme
de 40. t. Multipliez l'vn par l'autre, comme
40. t. par 10. t. & la moitié du produit ſera le
contenu requis, comme 200. t. Ainſi des autres.

3. Si le Plan eſt de quelque autre Figure,
bornée *de lignes droites toutes diuerſes* ; comme
T I C D. De quelques angles tirez des Perpendiculaires ſur leur baſe, cóme 1 g dans la

Figure racourcie , autant qu'il en faudra
pour la partager en Carrez ou Triangles rectangles , que vous fupputerez par les deux
Regles precedentes ; comme t i g d d'vn Carré de 80. t. 1 g c : vn Triangle rectangle de
150. t. qui feront en tout 230. t. pour le contenu requis du Plan T I C D. Ou bien enfermez la Figure racourcie en vn Carré, comme t o c d ; que vous fupputerez par la 1 Regle , comme de 380. t. d'où oftant 150. t. le
triangle 1 o c adjoufté , refteront 230. t. derechef pour le contenu requis.

4.. Si le Plan eft vn Rond parfait, ou
vn Demi ond , faites comme pour le Cercle , & pour le Demi-cercle. Mefurez en le
Rayon ou le Demi-diametre , comme de 7.
toiſes ; & la moitié du Tour du Rond ou de
la Circonference du Cercle , comme de 22.
toiſes ; contenant enuiron trois fois le Demi-diametre , & vne feptiefme partie du
mefme Demi-diametre. Puis multipliez cette moitié du Tour ou de la Circonference
de tout le Rond ou de tout le Cercle , par
fon Demi-diametre , comme vingt-deux toiſes par fept. Tout le Produit fera le Contenu requis de tout le Rond, ou de tout
le Cercle propoſé ; & la moitié de tout ce
mefme Produit , fera le Contenu du Demi-
rond ou du Demi-cercle.

5. Enfin fi la forme du Plan n'eft en-

tierement ronde, mais feulement bornée
de quelques lignes courbes. Prenez ces lignes pour droites , quand il y aura peu
de difference : autrement rendez-les comme infenfibles , par plufieurs petites lignes
droites que vous formerez auprés du bord
de la Figure racourcie ; pour la partager
en Carrez ou Triangles Rectangles, comme cy-deuant : Ou bien encore , enfermez
toutes ces lignes courbes dans vn Rond
ou Demi-rond. Puis toutes les Figures de
ces fortes de Plans , eftans ainfi reduites
en Carrez ou Triangles Rectangles, & en
Rond ou Demi-rond ; fupputez-en tout le
Contenu par les Regles precedentes. Sup-
pléant aprés à la fomme Totale ce que vous
iugerez neceffaire , pour compenfer aucu-
nement la difference de ces lignes courbes;
en oftant à difcretion ce que vous y auriez
adjoufté, ou reprenant ce que vous en auriez retranché.

Tables requises pour les Vsages du Ca-
dran des Cadrans.

IL n'y en a que deux petites, que ie mets
icy plus commodément sur la fin, auec
leur Explication.

1. La premiere Table est celle de la Declinaison du Soleil, de cinq en cinq degrez,
depuis l'Equateur.

2 La seconde, celle de la Declinaison des
Arcs Diurnes & Nocturnes, d'heure en
heure, depuis l'Arc de douze heures ou des
Equinoxes.

Voyez - les expliquées plus au long dans
les Pages suiuantes.

1. **TABLE.** *Declinaison du Soleil, de cinq en cinq Degrez, depuis l'Equateur.*

Signes	♈ et M. ♉ et A. ♊ et M.						Septent.
Signes	♎ et ♌ ♏ 24 ♐ ↠ 13.N.						Midi.
Dechn.	D.	M.	D.	M.	D.	M.	Dechn.
0	0.	0.	11.	30	10.	12	0
5	2.	0.	13.	11	21.	11	25
10	3.	18	14.	51	22.	0	20
15	5.	55	16.	23	22.	39	15
20	7.	50	17.	47	23.	8	10
25	9.	42	19.	4	23.	24	5
30	11.	30	20.	14	23.	30	0
Signes	♍ 23. A. ♌ 22.I ♋ 22.I.						Septent.
Signes	♓ 19 F ♒ 21 I ♑ 22.D.						Meridi.

2. **TABLE.** *Declinaison des Arcs Diurnes & Nocturnes, d'heure en heure, depuis l'Arc de 12. heures.*

Pole.	D.	M.	D.	M.	D.	M.	D.	M.	D.	M.	D.	M.
	45.	0	45.	30	46.	0	46.	30	47.	0	47.	30
Heures	D.	M.	D.	M.	D.	M.	D.	M.	D.	M.	D.	M.
6. 18	35.	1	34.	48	34.	20	33.	52	33.	24	32.	57
7. 17	31.	20	30.	55	30.	27	30.	1	29.	35	29.	9
8. 16	26.	34	26.	10	25.	46	25.	23	25.	0	24.	37
9. 15	20.	56	20.	36	20.	17	19.	58	19.	38	19.	19
10. 14	14.	31	14.	16	14.	2	13.	48	13.	34	13.	21
11. 13	7.	26	7.	19	7.	11	7.	4	6.	16	6.	49
Pole	D.	M.	D.	M.	D.	M.	D.	M.	D.	M.	D.	M.
	48.	0	48.	30	48.	45	49.	0	49.	20	50.	0
Heures	D.	M.	D.	M.	D.	M.	D.	M.	D.	M.	D.	M.
6. 18	32.	29	32.	2	31.	49	31.	35	31.	8	30.	41
7. 17	28.	44	28.	18	28.	6	27.	53	27.	28	27.	4
8. 16	24.	14	23.	52	23.	4	23.	30	23.	7	22.	46
9. 15	19.	1	18.	42	18.	33	18.	24	18.	6	17.	48
10. 14	13.	7	12.	54	12.	47	12.	41	12.	28	12.	15
11. 13	6.	42	6.	35	6.	32	6.	18	6.	22	6.	15

Explication & Vſage de la 1. Table.

1. ELle ſert pour connoiſtre la Declinaiſon du Soleil, dans l'Ecliptique, depuis l'Equateur; de cinq en cinq degrez; qui nous ſuffit pour tracer les Paralleles des Signes, ſur les Cadrans.

2. Au haut & au bas de la Table, vous auez les Figures des Signes; auec la premiere lettre du Mois, & les iours auſquels le Soleil entre dans ces Signes. Comme dans ♈ le 21. Mars. Dans ♋ le 22. Iuin. Ainſi des autres.

3. Dans la premiere colomne, ſont les degrez des ſix Signes d'en-haut; dans la derniere ceux des ſix Signes d'en bas : dãs les trois du milieu, au deſſous ou au deſſus des Signes, vis à vis de leurs deg. ſe trouuét les degrez & minutes de la Declinaiſõ du Soleil ſous D. M. Ainſi dans la 3. colom. au deſſous de ♉ ♍ vis à vis de 5. de la 1 col. vous auez 13 deg. 13. min de Declinaiſon Au deſſus de ♑ & ♋ dans la 4 col vis à vis de 10. de la derniere col. 23. deg. 8 min Ainſi du reſte.

Explication & Vſage de la 2. Table.

1. ELle contient la Declinaiſon des Arcs Diurnes & Nocturnes, d'heure en heure, depuis l'Arc de 12 heures; pour diuerſes Eleuations du Pole, dõt vous voyez les degrez au haut & au milieu de la Table : & elle ſert pour tracer les Paralleles ou les Arcs des Iours ſur les Cadrans.

2. Dans la 1. colom. ſont les heures egalement diſtátes de 12 & ces heures ont la Declinaiſon de leur Arc, vis à vis dans les autres colom. ſous chaque Eleuation. Comme 35 d. 16. m tout au haut de la 2 colom. ſous 45. d. du Pole; vis à vis de 6. & 18. heures, pour la Declinaiſon de leur Arc Ainſi des autres.

3. Reſte l'Induſtrie de trouuer cette Declinaiſon, pour les autres Eleuations; comme vous verrez ſur la fin dans la Declaration de la 28. Figure.

Figures requiſes pour les Vſages du Ca-
dran des Cadrans.

CEs Figures ſe doiuent ioindre aux Tables, tout à la fin. Ou bien encore plus
commodément, l'on les peut proprement coler par leurs extremitez aux bords de la Couuerture, à main droite ; les deux premieres
Pages enſemble, au haut ; & les deux autres
au coſté, ou au bas : pour les auoir toutes dé-
pliées deuant ſoy, quand il en ſera beſoin ; &
les replier aprés dans la meſme couuerture,
comme l'on voudra. Auſſi bien que Noſtre
principale & plus grande figure du Cadran
des Cadrans ; que l'on pourra pareillement
par l'extremité de ſon coſté droit, coler à
main gauche, au bord du coſté de la premiere
couuerture. Mais auparauant voyons icy
l'Explication generale des ſuſdites Figures,
dans les Declarations.

I. *Declaration generale de toutes les* *Figures.*

I'Ay déja expliqué la principale & plus
grande du Cadran des Cadrans, tout au
commencement. Les autres plus petites ſont
36. en tout, que l'on peut s'imaginer ſi grandes

des que l'on voudra, quoy que racourcies &
reduites à quatre Pages ou Planches parti-
culieres.

1. Dans la premiere Planche de ces 36. Figures, il y en a douze. La 1. est pour connoistre & faire toutes sortes d'Angles Rectilignes, & plusieurs lignes droites, sur les Plans.
2. Pour trouuer la ligne Meridiene, auec les
quatre principales parties du monde ; d'vne
façon commune. 3. Pour trouuer encore la
ligne Meridiene, auec la ligne de six heures
d'vne nouuelle façon. 4. Pour trouuer aussi
d'vne nouuelle façon, la Declinaison des
Plans 5. 6. 7. 8. 9. Pour dresser les styles, &
les Plans des Cadrans. 10. Vn Cadran Horizontal, pour l'Eleuation de 49. degrez du Pole sur l'Horizon ; pour laquelle aussi sont faites les autres Figures suiuantes. 11. Vn Vertical droit au Midy. 12. Vn Vertical droit au
Septentrion.

2. Dans la seconde Planche, six autres
Figures de diuers Cadrans, auec les lignes
des heures seulement, comme aux trois precedentes. La 13. Figure est vn Equinoxial Superieur. 14. Vn Equinoxial Inferieur. 15. Vn
Polaire Superieur, dont les heures sont mar-
qués en haut, & tout ensemble vn Polaire
Inferieur, dont les heures sont marquées en
bas. 16. Vn Meridien Oriental, comme il paroit de front, & dont les heures sont mar-

I

quées en bas : seruant encore pour vn Meridien Occidental, comme il paroit au reüers & dont les heures sont marquées en haut.

17. Vn Vertical auec son Centre, Declinant de 30. degrez du Midy vers Orient. 18. Vn Vertical sans Centre, Declinant aussi de 30. degrez du Midy vers Orient.

3. Dans la troisiesme Planche, dix Figures encore de diuers Cadrans, auec les Paralleles du Soleil. La 19. est vn Equinoxial Superieur, auec le Tropique d'Esté, & l'Arc de 16, 15, 14 heures. 20. Vn Equinoxial Inferieur auec le Tropique d'Hyuer, & l'Arc de 8, 9, 10 heures. 21. Vn Polaire Superieur, racourcy, comme les suiuans ; auec l'Equinoxial, les deux Tropiques, & les poins des autres Signes par ordre sur la Meridiene. 22. Vn Polaire Inferieur racoucy, auec l'Equinoxiale & le Tropique d'Esté. 23. Vn Meridien Oriental, auec l'Equinoxial, les deux Tropiques, & les poins des autres Signes sur la ligne de six heures. 24. Vn Vertical droit au Midy, auec tous les Paralleles des Signes. 25. Vn Vertical droit au Septentrion, auec l'Equinoxiale, & le Tropique d'Esté. 26. Vn Horizontal, auec tous les Paralleles des Signes. 27. Vn Vertical Declinant, de 30. degrez du Midy vers Occident, auec les Paralleles des Arcs des Iours. 28. La Figure du Demi-Trigone, pour trouuer la Declinai-

fon des Arcs Diurnes & Noĉturnes.

4. Dans la 4. Planche, huit autres diuerfes Figures. La 29. Vn Equinoxial Babylonique & Italique, feruant pour deux : depuis
l'Horizontal en bas, pour le Superieur, comme vous le voyez tout droit : depuis la mefme Horizontale en haut, & renuersé pour
l'Inferieur. 30. Vn Equinoxial Antique feruant pour deux, en bas le Superieur, en haut
l'Inferieur. 31. Vn Horizontal Babylonique &
Italique, racourcy comme les fuiuans. 32. Vn
Horizontal Antique, auec l'Equinoxial, les
deux Tropiques, & l'Arc de 18. heures au
deſſus. 33. Vn Vertical droit au Midy Babylonique & Italique. 34. Vn Vertical Antique,
droit au Midy, auec l'Equinoxiale, les deux
Tropiques, & l'Arc de fix heures au deſſus.
35. Vne feule Figure diuerfement reprife,
pour diuerfes mefures de la Longimetrie ou
Geodefie 36. La Figure precedente, racourcie par l'Echelle A B de la ligne d'en haut,
diuisée en plufieurs parties ; Premierement
en fix plus petites toutes égales ; puis en fix
autres plus grandes encore égales entr'elles,
chacune valant fix des plus petites.

Refte feulement de bien confiderer toutes
ces Figures en particulier, & la Declaration
plus ample de la 28 Figure, pour trouuer la
Declinaifon des Arcs Diurnes & Noĉturnes
generalement par tout ; comme s'enfuit.

2. *Declaration plus ample de la Figure 28. pour trouuer la Declinaison des Arcs Diurnes & Nocturnes, generalement par tout.*

CEtte Figure se peut appeller le Demi-Trigone des Arcs Diurnes & Nocturnes, dont elle monstre la Declinaison, depuis l'Arc de 12. heures & des Equinoxes. Elle est particuliere, pour l'Eleuation de 49. degrez: mais à son imitation, l'on en peut aisément faire d'autres, pour telle Eleuation que l'on voudra, comme ie vais dire.

1. Sur le papier ou sur le Carton, tirez a b le Rayon de douze heures ou de l'Equateur. Du point a faites l'Arc c d, d'vne bonne grandeur, pareil si vous voulez à Nostre Cercle gradué du Cadran des Cadrans ; duquel auec le Compas, vous prendrez les degrez du Complement du Pole, tel qu'il vous plaira, comme icy 41. deg. Complement de 49. pour les porter sur le susdit Arc, de c en d tournant aprés le Compas de d en 1. de 1. en e, pour trouuer o le point milieu entre c e, & tirer d o la Perpendiculaire au Rayon a b.

2. Puis du point o comme Centre estendant le Compas en d, tracez le Demi-cercle a d b ; que vous diuiserez en six parties égales par la mesme ouuerture du Compas, le tour-

nant de d vers a & b, de a & b vers d; partageant aprés chacune de ces six parties en deux, & derechef chacune de ces deux en deux autres plus petites : pour auoir 24. parties égales en tout le Demi-cercle a d b.

3. Couchez en suite la Régle sur chaques deux poins opposez de ces diuisions, également distans du Rayon a b, & contez par ordre, l'vn depuis a, l'autre depuis b : & tirez autant de lignes occultes que vous en aurez besoin, de l'vn à l'autre; marquant au rencontre chaque fois sur o d, les poins par lesquels enfin du point a, vous tirerez encore d'autres lignes requises pour les Rayons des Arcs Diurnes & Nocturnes ; que vous marquerez comme vous les voyez.

4. Cela fait, pour trouuer & connoistre la Declinaison de ces mesmes Arcs, depuis l'Arc de douze heures ou des Equinoxes. Du point a, sur les lignes ou Rayons de ces Arcs, faites vn Arc de Cercle le plus grand que vous pourrez, pareil à quelque autre, diuisé par degrez : ou bien seruez-vous de l'Arc c d, que vous auriez fait en la Figure, pareil au Cercle gradué du Cadran des Cadrans. Sur cét Arc estendez le Compas, tousiours depuis c la Section de a b Rayon de douze heures, iusques aux autres Rayons tirez; & le presentez chaque fois ainsi estendu sur le Cercle gradué, pour y voir dans cette estenduë les

degrez & minutes, qui monftreront la Declinaifon requife de chacun de ces Arcs Diurnes & Nocturnes. Comme icy de 31. degr. 35.
min. pour la Declinaifon de l'Arc. de 6. & 18.
heures, de 27. d. 53. m. pour celle de 7. &
17. heures. De 23 d. 30. min. pour 8. & 16.
heures. De 18. d. 24. min. pour 9. & 15. heures. De 12. deg. 41. min. pour 10. & 14. heur.
De 6. deg. 28. min. pour 11. & 13. heures, en
la mefme Eleuation de 49. degrez. Ainfi des
autres, à proportion.

Voila : mon cher Lecteur, ce que ie
d uois à voftre loüable curiofité, fur
les Parties & Vfages du Cadran des
Cadrans ; efperant quelque meilleure
occafion, pour vous prefenter ce que
vous attendez de moy , fur vn fujet
plus vtile & plus important.

A la plus grande gloire de Dieu, & de
fa faincte Mere.

F I N.

TABLE

DES PARTIES, ET

VSAGES DV CADRAN

DES CADRANS.

TABLE.

T A B L E.

TABLE.

TABLE.

TABLE.

TABLE.

Fin de la Table.

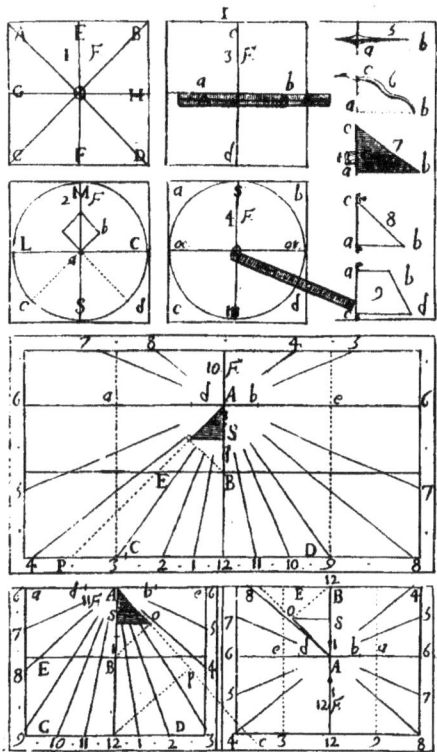

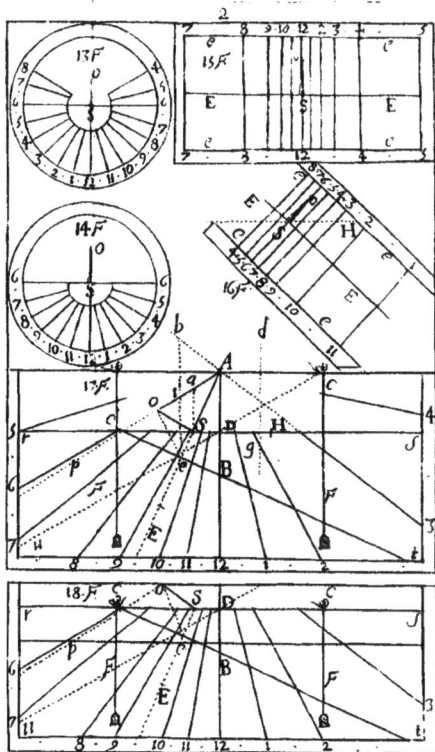

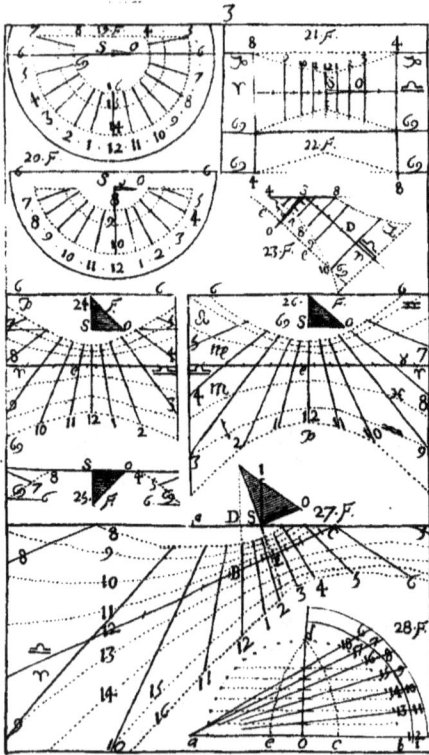

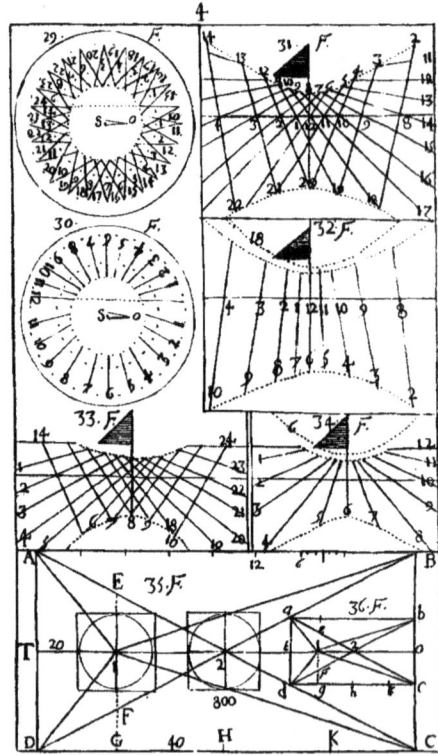

www.ingramcontent.com/pod-product-compliance
Lightning Source LLC
Chambersburg PA
CBHW071857200326

41519CB00016B/4424